JN016555

MATLABによる
信号処理実習

和田成夫 著

森北出版

まえがき

　信号処理は，波形や数値列から情報を抽出し加工する技術です．信号処理に関する技術は汎用性が高く，様々な分野でプラットフォーム技術として用いられています．最近では人工知能（AI）やデータサイエンスなど，新分野でも活用されています．今後も信号処理は進化し，多様な分野で適用されることが見込まれます．

　本書は，読者がコンピュータシミュレーションを行い，信号処理をわかりやすく理解する，初学者向けの実用的なテキストを目指しています．内容は，フーリエ変換に基づく信号解析から雑音除去まで，信号処理分野の主要な技法を幅広く網羅しています．前半の1章から4章で信号処理の基礎事項を扱い，5章と6章で代表的なスペクトル解析とたたみ込み演算を解説しています．後半の7章から12章では，ディジタルフィルタ，信号解析および雑音除去のトピックをカバーしています．

　本書の特色は，テーマごとに実習例を用意し，それらを体験しながら信号処理を学べることです．例題を実行した結果に対しては，具体的に考察を行っています．さらに，事例を参考に，読者各自で実信号を準備して数値実験を行い，結果を可視化・可聴化することで，より効果的に学習できると思います．信号処理を習得し，プログラミングをすることで実践力が身に付き，応用専門分野へのステップアップのきっかけになれれば，著者にとっては望外の喜びです．

　本書は，著者が行ってきた信号処理の講義および実習資料を基に執筆したものです．シミュレーション実習例は，ソフトウェア MATLAB のプログラムを用いています．MATLAB は種々の製品開発でも利用され，教育・研究の場において実績のあるプログラム言語として使用されています．本書に掲載されているプログラム等は，下記のサポートページからダウンロードできます．

https://www.morikita.co.jp/books/mid/073691

　本書のプログラム例は，東京電機大学電子システム工学科の研究室学生や，ティーチングアシスタントの皆さんの助言・協力を得たものが含まれています．改めて学生諸氏に謝意を表します．

　おわりに，出版にあたり種々お世話になった森北出版株式会社 和泉佐知子氏，富井晃氏には，企画段階から編集まで有益な示唆を頂き，御礼を申し上げます．

2022年2月

著　者

目　次

1章 アナログ信号とディジタル信号の表現

● アナログ信号とディジタル信号を可視化してみよう

　信号は，大別するとアナログ信号（波形）とディジタル信号（数値列）に分けられます．いずれも信号値を時間ごとにグラフ表示すると変動を可視化することができ，直感的に信号を理解できます．

　本章では，最も基本的な操作であるアナログ信号とディジタル信号のグラフ表示について学びます．グラフ化の処理には MATLAB[†1] を活用します．

1.1 アナログ信号

　まず，波形をグラフ表示することからはじめましょう．時間 t の関数で電圧 $v(t)$ が，

$$v(t) = \sin t, \quad 0 \le t \le \pi \tag{1.1}$$

のように正弦波的に変化する波形を表示してみます[†2]．グラフの横軸を時間，縦軸を電圧値とすることで，電圧変動は時間の関数として描けます．横軸と縦軸の物理量とも連続量なので，$v(t)$ は代表的なアナログ信号（連続時間信号）です．

実習 1.1 波形を表示してみよう

　　式 (1.1) のアナログ信号波形 $v(t)$ を表示しなさい．

プログラム 1.1

```
1  close all   % Figureをすべて閉じる
2  clear   % ワークスペースの変数メモリのクリア(初期化)
3  clc   % コマンドウィンドウのクリア
4  te=pi;   % 時間範囲の終点時刻をte=π[sec]と指定(始点時刻は0[sec])
5  N=1024;   % 時間区間0～teを(N-1)等分する数の設定(N個の信号点)
6  t=linspace(0,te,N);   % 時間区間を(N-1)等分するN次元ベクトルを生成
7  v=sin(t);   % 正弦波アナログ信号(ベクトル)の生成
8  figure(1)   % グラフを表示するためのFigureウィンドウの番号
9  plot(t,v);   % アナログ信号のプロット
```

---

†1　MATLAB は MathWorks 社の登録商標です．本書では® を省略しています．

†2　正弦波は一般に，$x(t) = A\sin(\omega t + \theta)$ と表されます．A を正弦波の振幅，ω を正弦波の角周波数，θ [rad] を正弦波の位相といいます．

```
10 axis([0,te,0.0,1.2]);   % 座標軸の表示範囲［横軸範囲0〜te,縦軸範囲0.0〜1.2］
11 xlabel('Time [sec]'); ylabel('v(t) [V]');   % 横軸と縦軸のラベル表示
```

以上のように m-ファイルプログラムを書いて実行すると，図 1.1 のように波形表示されます．

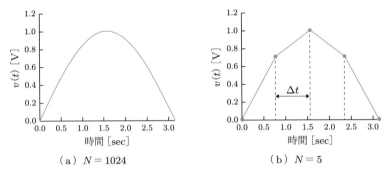

（a）$N = 1024$　　　　　　　　　（b）$N = 5$

図 1.1　式 (1.1) の電圧波形

図 (a) はプログラムの 5 行目が $N = 1024$ の例ですが，図 (b) は $N = 5$（時間区間を 4 等分した場合）のグラフです．アナログ信号の時間軸は，プログラム内では離散的に扱っています．9 行目の plot 関数はベクトルで表された $(t, v(t)) = (0, v(0))(\Delta t, v(\Delta t))(2\Delta t, v(2\Delta t))(3\Delta t, v(3\Delta t))(4\Delta t, v(4\Delta t)), \cdots$ の各点を t の値に応じて平面上でつないでいきます．信号値どうしを直線でつなぐので，刻み幅 Δt（信号値間の間隔）が大きい波形は角張って表示されます．

MATLAB では 7 行目の sin 関数が標準関数として用意されているので，式 (1.1)のような信号は，容易に波形をグラフ表示できます†．ほかにも様々な関数があるので，それらを利用すればもっと複雑な信号も表現できます．

6 行目の linspace 関数は，時間区間（0〜te [sec]）を $(N-1)$ 等分する N 個の要素からなるベクトルを生成します．6 行目の代わりに：（コロン）を用いて

```
dt=te/(N-1);   % 刻み幅(サンプリング間隔)
t=0:dt:te;   % 始点値:増分:終点値
```

としても，同じく N 個の要素からなるベクトルを生成することができます．

8 行目の figure 関数で，図を表示する Figure ウィンドウの番号を指定します．

---

†　本書ではおもに MATLAB や Signal processing toolbox, Wavelet toolbox, Image processing toolbox の関数を用いています．より高度なプログラミング技法や文法，コマンド関数の詳細については，MATLAB 専門書や Web 上の Help サイト情報を適宜参照してください．

figure(n) とすると，番号 n のウィンドウに図が表示されます.

　10 行目の axis([t_0,t_1,v_0,v_1]) は，信号のグラフ表示範囲（時間軸は t_0 から t_1，振幅軸は v_0 から v_1）を指定します．ここでは，横軸 t は 0〜π [sec]，縦軸 $v(t)$ は 0.0〜1.2 [V] の表示範囲になるように指定しています．指定範囲を調整することで，信号を拡大表示することもできます.

　なお，本書における信号波形などの出力図は MATLAB で作成した図に基づいていますが，記載の都合により，プログラムの実行結果そのままとは表示が異なる場合があります.

● **note プログラムの補足**

　%はコメントアウト記号で，それより右側は，各行を説明する注釈文になります. 1〜3 行目はプログラムの先頭に置くことが多く，close all; clear; clc のように;（セミコロン）でつなぎ並べてもかまいません. 以降のプログラムでは，これらは暗黙の宣言として省略します. なお，; はコマンドウィンドウでの非表示を表します. ワークスペースの変数を残しておくときには，clear は用いません. 4 行目の pi は円周率 π を表す変数です.

1.2 ディジタル信号

次に，ディジタル信号（離散時間信号）をグラフ表示してみましょう[†1].

実習 1.2 サンプル値信号を表示してみよう

　次式のアナログ信号 $x(t)$ を用いて，(1)〜(3) の信号を表示しなさい.

$$x(t) = 9.5\cos 2\pi t + 9.5, \quad 0 \le t \le 2 \tag{1.2}$$

(1) アナログ信号 $x(t)$
　　刻み幅は $\Delta t = 10^{-3}$ [sec] としなさい.

(2) サンプル値信号 $x(nT_s)$, $T_s = 0.1$ [sec]

$$x(nT_s) = 9.5\cos 2\pi T_s n + 9.5, \quad 0 \le nT_s \le 2, \quad n = 0,1,2,\cdots \tag{1.3}$$

　　式 (1.3) はサンプル値信号とよばれ，サンプル値間隔（サンプリング間隔）$T_s = 0.1$ [sec] ごとに信号値が存在します[†2]. サンプル値信号ともと

---

†1 アナログ信号とサンプリングから得られるディジタル信号の関係については，3 章で詳しく説明します.
†2 サンプル値信号については 2 章で詳しく説明します.

のアナログ信号を連続時間軸上で重ねて表示しなさい.

(3) ディジタル信号 $x(n)$

　　サンプル値信号 $x(nT_s)$ において $T_s = 1$ としたディジタル信号 $x(n)$ を，離散時間（ゼロからはじめるサンプル値の番号 n）軸上に表示しなさい.

プログラム 1.2

```
1   t=0:10^(-3):2;  % 時間軸用等間隔ベクトルの生成
2   xca=9.5*cos(2*pi*t)+9.5;  % アナログ信号の生成
3   Ts=0.1;  % サンプリング間隔
4   tn=0:Ts:2;  % サンプル時刻を与える等間隔ベクトルの生成
5   xcd=9.5*cos(2*pi*tn)+9.5;  % サンプル値信号の生成
6   n=tn/Ts;  % サンプル値番号(整数)ベクトルの生成
7   subplot(3,1,1)  % 図の表示位置の指定
8   plot(t,xca);  % アナログ信号のプロット
9   axis([0,2,0,20]); xlabel('Time [sec]'); ylabel('x(t)')
10  subplot(3,1,2)  % 図の表示位置の指定
11  stem(tn,xcd,'fil',':');  % サンプル値信号のプロット(プロット点の塗りつぶし)
12  hold on; plot(t,xca,'r:');  % もとのアナログ信号(グラフを保持し,重ねて表示)
13  axis([0,2,0,20]); xlabel('Time [sec]'); ylabel('x(nT_s)')
14  subplot(3,1,3)  % 図の表示位置の指定
15  stem(n,xcd,'fil');  % ディジタル信号の表示
16  axis([0,2/Ts,0,20]); xlabel('Number of samples'); ylabel('x(n)')
```

　グラフ表示は図 1.2 のようになります. サンプル値信号は実際の時間軸上で表示されていますが，ディジタル信号はサンプリング間隔で並んだ数値列になっています. 図 (c) の時間軸はサンプリング間隔で正規化され，間隔が 1 のサンプル番号になって

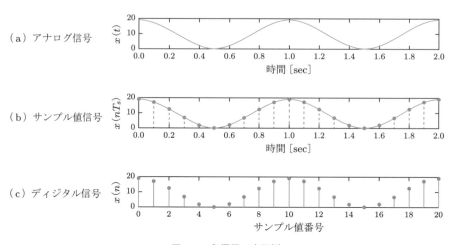

（a）アナログ信号

（b）サンプル値信号

（c）ディジタル信号

図 1.2　各信号の表示例

いることに注意してください.

　ディジタル信号値を得るために，4 行目でサンプリングの時刻を表す変数ベクトル（時間ベクトル）tn を生成しています. 11 行目の stem 関数は，各信号点の振幅値を縦線としてプロット表示します. plot 関数および stem 関数のオプション（'fil','：' など）を設定することで，種々の形状のプロット点で信号を表示できます. 12 行目の hold 関数を用いると以前のプロット図を保持できるので，グラフを重ねて表示することができます.

　7 行目の subplot 関数† を用いると，図のように表示領域を分割して複数のグラフを Figure ウィンドウに表示できます. subplot(n,m,k) で，出力表示面内に複数のグラフを表示するときのグラフの領域数（縦 n，横 m の合計 nm 個）と位置（k：左上から右下までの番号位置）を指定します.

1.3　信号の演算と表示

　アナログ信号とディジタル信号を対象に，四則演算や平方根，絶対値などの演算を行ってグラフ表示してみましょう. また，信号処理で重要な役割を果たす複素信号と，その実部，虚部，複素共役の表示方法についても示します.

実習 1.3　信号の乗算を行ってみよう

　アナログ信号 $z(t) = x(t)y(t)$ を表示しなさい. ただし，$x(t)$ と $y(t)$ は次式のアナログ信号とします. 横軸の範囲は適切に定めなさい.

$$x(t) = \frac{1}{\sqrt{2\pi}\sigma} e^{-(t-\mu)^2/2\sigma^2}, \quad \sigma = 0.5, \quad \mu = 0, \quad -\infty < t < +\infty \quad (1.4)$$

$$y(t) = \cos 20t, \quad -\infty < t < +\infty \quad (1.5)$$

プログラム 1.3

```
1  t=-3:0.001:3;  % 有限範囲の時間軸ベクトルの生成
2  sigma=0.5;
3  x=exp(-(t.*t)/(2*sigma^2))/(sqrt(2*pi)*sigma);  % 式(1.4)
4  z=cos(20*t).*x;  % 式(1.4)と式(1.5)の乗算(各要素の積)
5  plot(t,z);  % アナログ信号の表示
6  axis([-3,3,-1.0,1.0]); xlabel('Time [sec]'); ylabel('z(t)')
```

　3 行目のように，指数関数は exp 関数，平方根は sqrt 関数が用意されています.

---

†　subplot 関数は，subplot(2,1,1) でも，カンマなしの subplot(211) でも動作します. なお，axis 関数は，axis([0,Ne,-1.0,1.0]) でも，カンマの代わりに空白とした axis([0 Ne -1.0 1.0]) でも動作します.

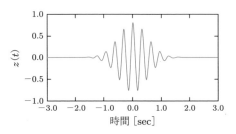

図 1.3　余弦波変調ガウス信号

3 行目の t^2 の計算や 4 行目の信号どうしの乗算には，要素ごとの積演算（.*）を用いることに注意します．図 1.3 にアナログ信号 $z(t)$ を示します．式 (1.4) はガウス関数とよばれ，確率・統計学では正規分布として知られています．ガウス関数は，窓関数や確率分布等に関する信号処理でよく使われる関数です．

● **note　ガウス信号**

　図 1.4 に示すガウス信号の広がりは σ（分散の平方根），中心は μ（平均）となり，おのおの次式で表されます．

$$\sigma^2 = \int_{-\infty}^{+\infty} t^2 x(t) \mathrm{d}t \tag{1.6}$$

$$\mu = \int_{-\infty}^{+\infty} t x(t) \mathrm{d}t \tag{1.7}$$

図のように，中心から $\pm\sigma$ の部分の面積だけで，全体の面積の 68.27%（およそ 7 割）を占めます．このように，σ は信号のおおまかな広がり具合を表しています．

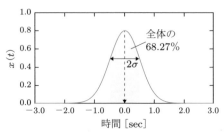

図 1.4　**ガウス信号**（$\sigma = 0.5$, $\mu = 0$）

　次に，複素正弦波信号を表示してみましょう．複素正弦波信号とは，オイラーの公式

$$e^{j\theta} = \cos\theta + j\sin\theta$$

を用いて，正弦波信号を複素指数関数の虚部に対応させて表したものです．このよう

に，三角関数ではなく指数関数を用いて信号を表すことで，信号処理で必要となる
種々の演算が扱いやすくなります．

実習 1.4 複素信号を種々の座標で表示してみよう

次式の複素正弦波ディジタル信号について，(1)～(4) を表示しなさい．

$$z(n) = e^{j\Omega n}, \quad \Omega = 0.05\pi \ [\text{rad/s}], \quad n = 0, 1, 2, \cdots, 80 \tag{1.8}$$

(1) 実部のディジタル信号 $z_r(n)$ と虚部のディジタル信号 $z_i(n)$

(2) 虚部の絶対値 $|z_i(n)|$，2 乗 $|z_i(n)|^2$ および複素正弦波の逆正接 $\tan^{-1}(z_i(n)/z_r(n))$

(3) 複素平面上の信号点

(4) (3) に時間軸を加えた 3 次元表示

プログラム 1.4

```
1   Ne=80;  % 時間軸範囲(信号数の最大値)
2   n=0:1:Ne;  % 0～Neまでの時間軸ベクトル生成
3   z=exp(1j*0.05*pi*n);  % 式(1.8)の複素ディジタル正弦波
4   zr=real(z);  % 複素正弦波の実部信号
5   zi=imag(z);  % 複素正弦波の虚部信号
6   figure(1)  % 図1.5
7   subplot(2,1,1)
8   stem(n,zr,'fil',':','MarkerSize',4);  % 実部信号の表示
9   axis([0,Ne,-1.0,1.0]); xlabel('Number of samples'); ylabel('z_r(n)')
10  subplot(2,1,2)
11  stem(n,zi,'fil',':','MarkerSize',4);  % 虚部信号の表示
12  axis([0,Ne,-1.0,1.0]); xlabel('Number of samples'); ylabel('z_i(n)')
13  figure(2)  % 図1.6
14  subplot(3,1,1)
15  stem(n,abs(zi),'filled',':','MarkerSize',4);  % 虚部の絶対値信号の表示
16  axis([0,Ne,0.0,1.0]); xlabel('Number of samples'); ylabel('|z_i(n)|')
17  subplot(3,1,2)
18  stem(n,zi.*conj(zi),'filled',':','MarkerSize',4);  % 虚部の絶対値2乗信号の表示
19  axis([0,Ne,0.0,1.0]); xlabel('Number of samples'); ylabel('|z_i(n)|^2')
20  subplot(3,1,3)
21  stem(n,atan2(zi,zr),'fil',':','MarkerSize',4);  % 逆正接信号の表示
22  axis([0,Ne,-pi,pi]); xlabel('Number of samples'); ylabel('tan^{-1}(z_i/z_r) [
    rad]')
23  figure(3)  % 図1.7
24  for k=1:Ne
25      plot(zr(k),zi(k),'bo'); hold on  % 信号点の表示
26  end
27  axis([-1.2,1.2,-1.2,1.2],'equal');  % 軸長が等しい座標軸範囲指定
28  xlabel('Real Part'); ylabel('Imaginary Part')
29  figure(4)  % 図1.8
30  plot3(n,zr,zi,'-o');  % 信号点の表示
```

```
31  axis([0,Ne,-1.0,1.0,-1.0,1.0]); grid on  % 表示範囲とグリッド線表示の指定
32  xlabel('Number of samples'); ylabel('Real Part'); zlabel('Imaginary Part')
```

式 (1.8) にオイラーの公式を適用すると,

$$z(n) = \cos 0.05\pi n + j\sin 0.05\pi n = z_r(n) + jz_i(n) \tag{1.9}$$

と表されます.

(1) では複素信号の実部と虚部をおのおの表示します. プログラムの 4 行目 real
関数, および 5 行目 imag 関数を用いて求めると, 図 1.5 のように余弦波と正弦波の
ディジタル信号になります. なお, MATLAB では虚数単位は j または i で表されま
す (変数と区別するために 1 をつけて 1j, 1i とするほうが, 3 行目のようにわかり
やすくなります).

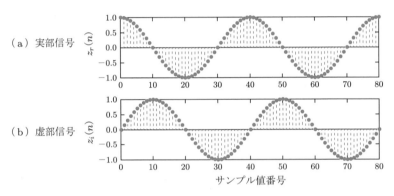

図 1.5　複素ディジタル信号 $z(n)$

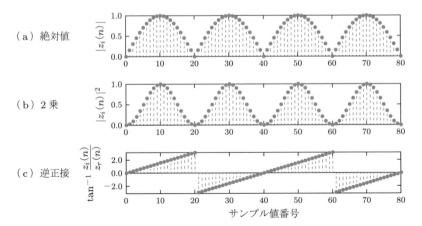

図 1.6　複素信号の絶対値, 2 乗および逆正接の表示

(2) では虚部のディジタル信号 $z_i(n)$ の絶対値 $|z_i(n)|$，2 乗 $|z_i(n)|^2$ および複素信号の逆正接を求め表示します（図 1.6）．絶対値は 15 行目の abs 関数で求められます．2 乗は 18 行目の複素共役の conj 関数を用いて $|z_i(n)|^2 = z_i(n)z_i(n)^*$ として求められます．偏角を表す逆正接は 21 行目の atan2 関数で求めることができます．なお，atan2 関数の区間は $[-\pi, \pi]$ になります[†]．

● **note　複素信号の表現**

複素信号は，実信号と異なり実部と虚部の信号で構成されるため，一つのグラフで表示することはできません．複素信号は，

$$z(n) = z_r(n) + jz_i(n) = |z(n)|e^{j\tan^{-1}(z_i(n)/z_r(n))},$$
$$|z(n)| = \sqrt{z_r(n)^2 + z_i(n)^2}$$

のように表せるので，図 1.6 のように実部と虚部をグラフ表示したり，(2) で求めた偏角と，$z(n)$ の絶対値（ここでは $|z(n)| = |e^{j0.05\pi n}| = 1$ です）を用いた極座標値をグラフ表示したりします．

一方 (3) では，横軸を実部，縦軸を虚部として，2 次元平面（複素平面）を用いて複素信号を表示しています．座標点 $(\cos 0.05\pi n, \sin 0.05\pi n), n = 0, 1, 2, \cdots, 80$ の軌跡をプロットすると図 1.7 になり，単位円上に等間隔で信号値が配置されます．$n = 0$ のとき実軸上の点 (1,0) から出発し，n が増加するにつれて反時計回りにプロット点は 2 回転します．

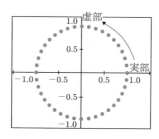

図 1.7　**複素平面上の複素ディジタル信号の信号点**

(4) では，複素平面上の各信号値のプロット時に，時間軸（z 軸）を加えて 3 次元表示します．図 1.8 に複素信号値の軌跡を表す 3 次元表示を示します．信号点はらせん状に移動することがわかります．3 次元表示には 30 行目の plot3 関数が用意されています．

[†]　区間 $[-\pi/2, \pi/2]$ の逆正接を求める atan 関数も用意されています．

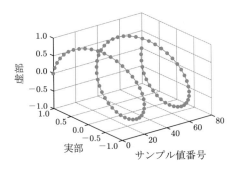

図 1.8　複素信号値の 3 次元表示

演習問題

1.1 以下のアナログ信号を表示しなさい.

(1) $x(t) = e^{-at} \sin \omega t, \quad 0 \le t \le +\infty$

変数 a, ω の値，表示範囲および刻み幅は適宜定めなさい.

(2) $x(t) = b^{a|t|}, \quad |b| < 1, \quad -\infty \le t \le +\infty$

変数 a, b の値，時間区間および刻み幅は適宜定めなさい.

1.2 次の信号をグラフ表示しなさい．表示範囲および刻み幅は適宜定めなさい.

(1) アナログ信号

$$x(t) = \frac{\sin t}{t} = \operatorname{sinc} t, \quad -\infty < t < +\infty$$

が与えられているとき,

$$\frac{1}{\sqrt{2}} x(t/2 + 25) + x(t) + \sqrt{2} x(2t - 50)$$

(2) ディジタル信号

$$x(n) = \frac{\sin n}{1 + 0.5 \cos n}, \quad n \ge 0$$

1.3 ディジタル信号

$$x(n) = \begin{cases} e^{-an} \sin \Omega n, & n \ge 0 \\ 0, & n < 0 \end{cases}$$

が与えられているとき, $x(n)$ および偶関数信号成分 $x_e(n)$, 奇関数信号成分 $x_o(n)$ を表示しなさい．変数 a, Ω の値，時間区間は適宜定めなさい.

なお，偶関数信号とは $x_e(-n) = x_e(n)$ を満たす信号，奇関数信号とは $x_o(-n) = -x_o(n)$ を満たす信号です.

2章 アナログ信号の周波数成分

● 信号に含まれる周波数成分を調べよう

　信号源から発せられた波形を観測すると，振幅値が複雑に変動していることがわかります．これは，実際の信号のほとんどは，1章で見たような単純な正弦波とは異なり，様々な周波数の正弦波が様々な大きさで合成されてできているからです．信号の特徴は，どのような周波数成分がどの程度含まれているか，を調べることで捉えることができます．

　本章では，直感的にわかりやすいアナログ信号の信号処理（周波数解析）について説明します．三角関数や指数関数などの数式関数で表されたアナログ信号の周波数成分を求め，表示する方法について学びます．

2.1 アナログ信号のフーリエ解析

　まず，周期をもつアナログ信号のフーリエ解析について説明します．

　アナログ信号が $x(t) = x(t + T)$ を満たすとき，これを基本周期あるいは単に周期 T [sec] の周期信号といいます．周期は信号の繰り返しの最小区間を表し，また周期の逆数 $f = 1/T$ [Hz] を基本周波数あるいは単に周波数といいます．角周波数 ω [rad/sec] は，周波数および周期と次式の関係があります．

$$\omega = 2\pi f = \frac{2\pi}{T} \tag{2.1}$$

> **実習 2.1** 周期アナログ信号のフーリエ係数を表示してみよう
>
> 　次式で表される $T = 2\pi$ [sec] の周期信号をフーリエ級数展開し，有限個数のフーリエ係数を表示しなさい．
>
> $$x(t) = \begin{cases} 1, & \dfrac{\pi}{2} \leq |t| \leq \pi \\ 0, & |t| < \dfrac{\pi}{2} \end{cases} \tag{2.2}$$

プログラム 2.1

```
1  t=-pi:0.001:pi;
2  x1=cos(0*t(-pi<=t & t<=-pi/2));
3  x2=0.*t(-pi/2<t & t<pi/2);
4  x3=cos(0*t(pi/2<=t & t<=pi));
5  x=[x1 x2 x3]; % 1周期分のアナログ信号
6  K=10; % フーリエ係数の項数
7  k=1:1:K; % 係数の指定
8  a(k)=-2*sin(k*pi/2)./(k*pi); % フーリエ係数値(k>0)
9  ak=[1 a]; % フーリエ係数値(k=0)を追加
10 figure(1) % 図2.1
11 plot(t,x); % 式(2.2)のアナログ信号の表示
12 axis([-pi,pi,-0.2,1.2]); xlabel('Time [sec]'); ylabel('x(t)')
13 figure(2) % 図2.2
14 kk=0:1:K; % フーリエ係数軸の生成
15 stem(kk,ak); % フーリエ係数の表示
16 axis([0,K,-1.0,1.1]); xlabel('Number of coefficient'); ylabel('a_k')
```

　フーリエ級数展開とは，周期 T のアナログ信号 $x(t)$ を，基本角周波数 $\omega_0 = 2\pi/T$ で次式のように級数展開して表したものです．

$$x(t) = \frac{1}{2}a_0 + \sum_{k=1}^{+\infty}(a_k \cos k\omega_0 t + b_k \sin k\omega_0 t) \tag{2.3}$$

$$a_0 = \frac{2}{T}\int_{-T/2}^{T/2} x(t)\mathrm{d}t \tag{2.4}$$

$$a_k = \frac{2}{T}\int_{-T/2}^{T/2} x(t)\cos k\omega_0 t\,\mathrm{d}t, \quad k = 1, 2, 3, \cdots \tag{2.5}$$

$$b_k = \frac{2}{T}\int_{-T/2}^{T/2} x(t)\sin k\omega_0 t\,\mathrm{d}t, \quad k = 1, 2, 3, \cdots \tag{2.6}$$

　このように，周期アナログ信号 $x(t)$ は，ω_0 の自然数倍の角周波数をもつ余弦波および正弦波の無限級数和として表されます．$k = 1$ の角周波数 ω_0 をもつ成分を基本周波数成分，$k > 1$ の角周波数 $k\omega_0$ をもつ成分を高調波成分といい，定数である $a_0/2$ を直流成分といいます．a_0, a_k, b_k はフーリエ係数とよばれ，これらは信号に含まれる各成分の大きさを表しています．

　式 (2.2) の周期アナログ信号は偶関数なので，奇関数である正弦波のフーリエ係数 b_k はすべて 0 になります．$\omega_0 = 2\pi/T = 1\,[\mathrm{rad/sec}]$ なので，式 (2.4)，(2.5) を用いて積分計算により求めた解析解は，

$$a_0 = 1, \quad a_k = -\frac{2}{k\pi}\sin\frac{k\pi}{2} = \begin{cases} -\dfrac{2}{k\pi}, & k = 1, 5, 9, \cdots \\ 0, & k = 2, 4, 6, \cdots \\ \dfrac{2}{k\pi}, & k = 3, 7, 11, \cdots \end{cases} \tag{2.7}$$

になります．したがって，フーリエ級数展開は次のように表されます．

$$x(t) = \frac{1}{2} - \frac{2}{\pi}\cos t + \frac{2}{3\pi}\cos 3t - \frac{2}{5\pi}\cos 5t + \cdots \tag{2.8}$$

プログラムを実行すると，式 (2.2) の周期信号および余弦波成分のフーリエ係数が表示されます．図 2.1 は周期信号の 1 周期，図 2.2 は $k = 0 \sim 10$ までのフーリエ係数 a_k になります．

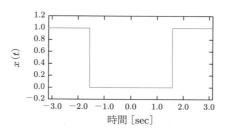

図 2.1 **周期信号の 1 周期**（$-\pi \sim +\pi$ [sec]）

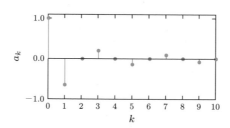

図 2.2 **フーリエ係数** a_k （$k = 0 \sim 10$）

フーリエ係数の変数 k は無名数ですが，図 2.2 の横軸の間隔を基本角周波数 $\omega_0 = 2\pi/T$ にとれば，横軸は各成分の角周波数に等しくなります．したがってその場合，横軸は角周波数 $k\omega_0$ [rad/sec] を表すことになります（周波数の場合は $k\omega_0/2\pi$ [Hz]）．

● **note 有限項フーリエ級数展開** ─────────────

　フーリエ級数展開は無限個の項を計算しなければなりませんが，実際にはこれは不可能です．そこで，$(2K+1)$ 個の項を用いた有限項のフーリエ級数展開

$$x_K(t) = \frac{1}{2}a_0 + \sum_{k=1}^{K}(a_k\cos k\omega_0 t + b_k\sin k\omega_0 t) \tag{2.9}$$

で表すことを考えます．式 (2.9) の K が十分大きければ，式 (2.3) のフーリエ級数展開の近似になり，$\displaystyle\lim_{K\to\infty} x_K(t) = x(t)$ が成り立ちます．

　図 2.3 に，K を徐々に増やしていったときの $x_K(t)$ を重ねて示します．項数が少ないときは高周波数成分が足りないので誤差が大きく，項数が多くなるとリップルの数が増えますが，誤差は低減していきます．しかし，リップルのピークの誤差値は同じです．また，もとのアナログ信号の不連続点付近（$t = \pm\pi/2\,[\mathrm{sec}]$）で大きく振動する誤差が現れる特徴があります．これはギブス現象とよばれています．

　K を増やしていったときの項数と誤差量の関係として，2 乗誤差

$$E_K = \int_{-\pi}^{\pi} e_K(t)^2 \mathrm{d}t = \int_{-\pi}^{\pi} (x(t) - x_K(t))^2 \mathrm{d}t$$

を図 2.4 に示します．図より，誤差は単調に減少していることがわかります．

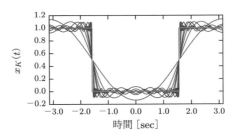

図 2.3　周期アナログ信号の有限項フーリエ級数展開近似（$K = 2 \sim 100$）

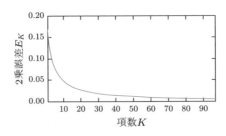

図 2.4　有限項フーリエ係数の 2 乗誤差（a_0 のときは除く）

2.2　フーリエ変換と周波数解析

　ここでは，信号のフーリエ変換について説明します．前節のフーリエ級数は，周期アナログ信号を対象に周波数解析を行うものでした．フーリエ変換も同様に，信号の周波数解析を行う手法ですが，周期をもたない信号（非周期信号）にも適用できるという特徴があります．

　アナログ信号のフーリエ変換と逆フーリエ変換は次式で表されます．

$$\text{フーリエ変換：}\quad X(\omega) = \int_{-\infty}^{+\infty} x(t)e^{-j\omega t}\mathrm{d}t, \quad -\infty < \omega < +\infty \tag{2.10}$$

$$\text{逆フーリエ変換：}\quad x(t) = \frac{1}{2\pi}\int_{-\infty}^{+\infty} X(\omega)e^{j\omega t}\mathrm{d}\omega \tag{2.11}$$

フーリエ変換は，フーリエ級数を複素数に拡張した複素フーリエ級数展開（note 参照）を，さらに周期 $T \to \infty$ として非周期信号に拡張することで導かれます．

　式を見るとわかるように，フーリエ変換は，時間を変数とする信号 $x(t)$ を，角周波数を変数とする信号 $X(\omega)$ に変換する操作になっています．すなわち，$x(t)$ に含まれる様々な周波数成分の大きさが，角周波数を横軸とした $X(\omega)$ のグラフで表現されます．これはフーリエ級数におけるフーリエ係数のグラフ（図 2.2）に対応していますが，$X(\omega)$ は一般に複素数であること，またフーリエ係数のように離散的ではなく，連続的に変化することが異なります．$X(\omega)$ は複素数なので，1 章で説明したように絶対値と偏角を用いて，以下のように表現します．

$$\text{振幅スペクトル：}\quad |X(\omega)| = \sqrt{(\mathrm{Re}[X(\omega)])^2 + (\mathrm{Im}[X(\omega)])^2} \tag{2.12}$$

$$\text{位相スペクトル：}\quad \angle X(\omega) = \theta(\omega) = \tan^{-1}\frac{\mathrm{Im}[X(\omega)]}{\mathrm{Re}[X(\omega)]} \tag{2.13}$$

$$\text{パワースペクトル：}\quad |X(\omega)|^2 = X(\omega)X(\omega)^* \tag{2.14}$$

これらをまとめて，信号 $x(t)$ の周波数スペクトルとよびます．

● **note　複素フーリエ級数展開**

周期 T のアナログ信号 $x(t)$ の複素フーリエ級数展開は，

$$x(t) = \sum_{k=-\infty}^{+\infty} c_k e^{jk\omega_0 t} \tag{2.15}$$

$$c_k = \frac{1}{T}\int_{-T/2}^{T/2} x(t)e^{-jk\omega_0 t}\mathrm{d}t, \quad k = 0, \pm 1, \pm 2, \cdots \tag{2.16}$$

と表されます．

複素フーリエ係数を $c_k = |c_k|e^{j\varphi_k}$ と表すとき，振幅と位相は次式となります．

$$|c_k| = \sqrt{(\mathrm{Re}[c_k])^2 + (\mathrm{Im}[c_k])^2} \tag{2.17}$$

$$\angle c_k = \varphi_k = \tan^{-1}\frac{\mathrm{Im}[c_k]}{\mathrm{Re}[c_k]} \tag{2.18}$$

では，周期をもたないアナログ信号 $x(t)$（すべての時刻で $x(t) \neq x(t+T)$）の周波数を解析してみましょう．

実習 2.2　周波数スペクトルを表示してみよう

　　次式のアナログ信号の周波数スペクトル（振幅スペクトル，位相スペクトル，パワースペクトル）を求め，グラフ表示しなさい．

$$x(t) = \begin{cases} e^{-t}\cos\omega_0 t, & t \geq 0 \\ 0, & t < 0 \end{cases} \tag{2.19}$$

(1) $\omega_0 = 0\,[\mathrm{rad/sec}]$ $(f_0 = 0\,[\mathrm{Hz}])$ のときの周波数スペクトル

(2) $\omega_0 = 10\pi\,[\mathrm{rad/sec}]$ $(f_0 = 5\,[\mathrm{Hz}])$ のときの周波数スペクトル

プログラム 2.2

```
1  f0=5.0;  % (1)の場合は0.0
2  te=10.0;  % 時間範囲端(-te〜te[sec])
3  dt=0.01;  % 時間刻み幅
4  ta=-te:dt:te;  % 等間隔時間軸ベクトルの生成
5  x1=0*ta(ta<0); x2=exp(-ta(0<=ta)).*cos(2*pi*f0*ta(0<=ta));
6  xa=[x1 x2];  % アナログ信号
7  figure(1)  % 図2.5
8  plot(ta,xa);
9  axis([-te,te,-1.1,1.1]); xlabel('Time [sec]'); ylabel('x(t)');
10 N=length(xa);  % 信号点数
11 fs=1/dt;  % サンプリング周波数に相当
12 m=linspace(-fs/2,fs/2,N);  % 角周波数軸の生成
13 omega0=2*pi*f0;  % 角周波数パラメータ
14 figure(2)  % 図2.6または図2.7
15 subplot(3,1,1)
16 FX=sqrt(1+m.*m)./sqrt((1+omega0*omega0-m.*m).^2+4*(m.*m));  % 振幅スペクトル
17 plot(m,FX);  % 振幅スペクトル表示
18 axis([-fs/2,fs/2,0.0,0.6]); xlabel('Angular frequency [rad/sec]'); ylabel('$\
   mid F(\omega) \mid$','Interpreter','latex')
19 subplot(3,1,2)
20 PX=atan((-m.*(m.*m-omega0*omega0+1))./(1+omega0*omega0+m.*m));  % 位相スペクト
   ル
21 plot(m,PX);  % 位相スペクトル表示
22 axis([-fs/2,fs/2,-pi/2,pi/2]); xlabel('Angular frequency [rad/sec]'); ylabel(
   '$\theta(\omega)$ [rad]','Interpreter','latex')
23 subplot(3,1,3)
24 PX=(1+m.*m)./((1+omega0*omega0-m.*m).^2+4*(m.*m));  % パワースペクトル
25 plot(m,PX);  % パワースペクトル表示
26 axis([-fs/2,fs/2,0.0,0.3]); xlabel('Angular frequency [rad/sec]'); ylabel('$\
   mid F(\omega) \mid^2$','Interpreter','latex')
```

式 (2.19) のアナログ信号のフーリエ変換は

$$X(\omega) = \int_{-\infty}^{+\infty} x(t)e^{-j\omega t}\mathrm{d}t = \frac{1+j\omega}{1+\omega_0^2-\omega^2+j2\omega} \tag{2.20}$$

のように求められ，周波数スペクトルは ω_0 を含む形で，

$$|X(\omega)| = \frac{\sqrt{1+\omega^2}}{\sqrt{(1+\omega_0^2-\omega^2)^2+4\omega^2}}, \quad \theta(\omega) = \tan^{-1}\frac{-\omega(\omega^2-\omega_0^2+1)}{1+\omega_0^2+\omega^2},$$

$$|X(\omega)|^2 = \frac{1+\omega^2}{(1+\omega_0^2-\omega^2)^2+4\omega^2}$$

になります．

　図 2.5 にアナログ信号を，図 2.6 および図 2.7 に周波数スペクトルを示します．信号点数は，プログラム 10 行目の length 関数によりアナログ信号の時間軸ベクトルの大きさから求めています．

　図 2.6 の振動成分を含まない減衰波形の周波数スペクトルは，ある程度の範囲の広がりをもち，直流成分が最も大きいことがわかります．図 2.7 のアナログ信号は変調されているので，振動を伴いながら減衰します．そのため，振幅スペクトルは (1) の低周波数域信号が余弦波により $\pm 10\pi\,[\mathrm{rad/sec}]$ に変調され，各周波数軸上の正負の方向に移動し，半分の大きさのスペクトルピークになることが確認できます．位相スペクトルも正負の方向に移動しています．

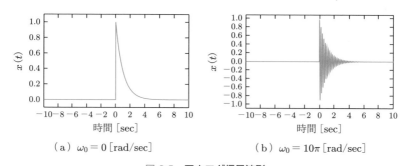

（a） $\omega_0 = 0\,[\mathrm{rad/sec}]$ 　　　　（b） $\omega_0 = 10\pi\,[\mathrm{rad/sec}]$

図 2.5　アナログ信号波形

（a）振幅スペクトル
（b）位相スペクトル
（c）パワースペクトル

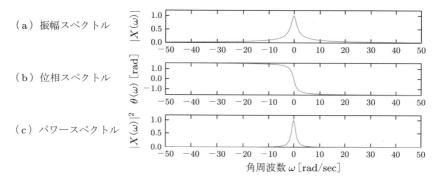

図 2.6　アナログ信号の周波数スペクトル（$\omega_0 = 0\,[\mathrm{rad/sec}]$）

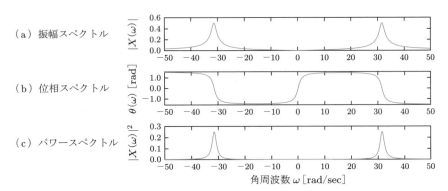

（a）振幅スペクトル

（b）位相スペクトル

（c）パワースペクトル

角周波数 ω [rad/sec]

図 2.7　アナログ信号の周波数スペクトル（$\omega_0 = 10\pi$ [rad/sec]）

なお，実数値信号なので位相スペクトルは原点を通る奇対称特性ですが，振幅スペクトルは偶対称特性になります．パワースペクトルは，振幅スペクトルを 2 乗して小さい値になっています．

2.3　アナログ信号のパワースペクトル

アナログ信号のパワースペクトルは，ウィナー–ヒンチンの定理を適用しても求めることができます．ウィナー–ヒンチンの定理とは，パワースペクトルが自己相関関数のフーリエ変換で表される，というものです．

アナログ信号 $x(t)$ の自己相関関数は，

$$R_{xx}(\tau) = \int_{-\infty}^{+\infty} x(t)x(t-\tau)\mathrm{d}t \tag{2.21}$$

と表され，自己相関関数のフーリエ変換は

$$|X(\omega)|^2 = \int_{-\infty}^{+\infty} R_{xx}(\tau)e^{-j\omega\tau}\mathrm{d}\tau \tag{2.22}$$

のようにパワースペクトルとして表されます．

式 (2.19) のアナログ信号（$\omega_0 = 0$ [rad/sec]）の自己相関関数は，式 (2.21) より，

$$R_{xx}(\tau) = \begin{cases} \dfrac{1}{2}e^{-\tau}, & \tau \geq 0 \\ \dfrac{1}{2}e^{\tau}, & \tau < 0 \end{cases} \tag{2.23}$$

となるため，式 (2.22) よりパワースペクトルは

$$|X(\omega)|^2 = \frac{1}{\omega^2 + 1} \tag{2.24}$$

と求められ，式 (2.20) のものと一致することがわかります†.

演習問題

2.1 問図 2.1 に示す信号の周期および周波数を求めなさい.

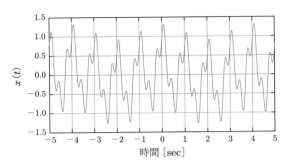

問図 2.1　**周期信号**

2.2 周期が 2π [sec] ののこぎり波 $x(t) = t$, $|t| \leq \pi$ の実フーリエ級数展開について，以下の問いに答えなさい.

    (1) フーリエ係数 $\{a_k, b_k\}$ を求めなさい.

    (2) 1〜20 項までのフーリエ係数をグラフ表示しなさい.

    (3) 20 項まで用いた近似波形をグラフ表示しなさい.

    (4) 1〜10 項まですべての近似波形をグラフ表示しなさい.

2.3 次式のアナログ信号について，以下の問いに答えなさい.

$$x(t) = \begin{cases} -t+2, & 0 \leq t \leq 2 \\ t+2, & -2 \leq t < 0 \\ 0, & \text{その他} \end{cases}$$

    (1) フーリエ変換 $X(\omega)$ を求めなさい.

    (2) $x(at)$ および $X(\omega/a)/a$ $(a = 1,\ a = 2,\ a = 0.5$ の 3 通り) をグラフ表示しなさい.

---

† MATLAB を用いて，`syms t w; x=0.5*exp(-abs(t)); fourier(x)` とすると，数式処理として式 (2.22) のフーリエ変換が行えて，`1/(w^2 + 1)` のように式 (2.24) の解析解を得ることができます.

3章 サンプリングとA-D変換

エイリアジング現象を解析しよう

次章以降の信号処理では，アナログ信号をいったんディジタル信号に変換して処理します．そのため本章では，アナログ信号をディジタル信号へ変換する方法（A-D変換）について説明します．また，再びアナログ信号に逆変換する方法（D-A変換）についても説明します．とくにサンプリング時の条件に留意し，適切なサンプリングが行われない場合に起こる，復元時のエイリアジング現象について解析します．

3.1 アナログ信号とディジタル信号の変換

本節では，時間および振幅値が連続量であるアナログ信号（連続時間信号）$x(t)$ と，離散量であるディジタル信号（離散時間信号）$x(n)$ との変換について，全体の流れを説明します．

A-D変換の過程を図3.1に示します．アナログ信号 $x(t)$ を，間隔 T_s [sec] のサン

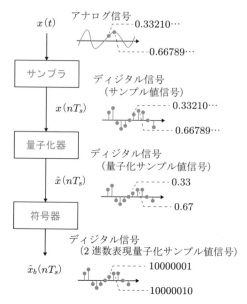

図3.1 アナログ信号からディジタル信号へのA-D変換過程

プリングにより離散時間軸上のサンプル値信号 $x(nT_s)$ に変換します．次に，振幅値を，量子化器により連続値から離散値のサンプル値信号 $\hat{x}(nT_s)$ に変換します．さらに，量子化振幅値を，符号化により 2 進数表現 $\hat{x}_b(nT_s)$ に変換して，ビットの並びとして表現します．このようにして，2 進数表現のディジタル信号に変換します．

次に，図 3.2 に示す D-A 変換過程について簡単に説明します．D-A 変換では，2 進数で表現された信号値 $\hat{x}_b(nT_s)$ 値を，復号器により 10 進数表現の量子化ディジタル信号 $\hat{x}(nT_s)$ に変換します．次に，ホールド回路により連続量振幅値の連続時間信号 $\hat{x}(t)$ に変換し，最後に，平滑回路によりもとのアナログ信号 $x(t)$ を復元します．

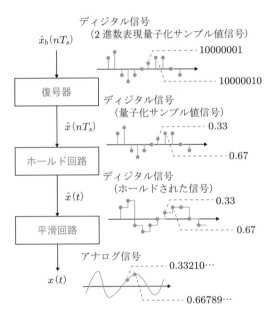

図 3.2 ディジタル信号からアナログ信号への変換過程

3.2 A-D 変換

それでは，A-D 変換を行ってみましょう．実習 1.2 では，時間のみを離散化したディジタル信号の表示を扱いました．ここでは，さらに振幅値の量子化と符号化も行います．

実習 3.1 アナログ信号をディジタル信号に変換してみよう

次式のアナログ信号 $x(t)$ を $T_s = 0.1\,[\text{sec}]$ でサンプリングし，図 3.1 の過程で

A-D 変換して表示しなさい.

$$x(t) = 9.5 \cos 2\pi t + 9.5, \quad 0 \le t \le 2 \tag{3.1}$$

プログラム 3.1

```
1   te=2.0;  % 信号区間端(0〜te)
2   dt=10^(-3);  % 連続時間軸の刻み幅(サンプリング周波数1[kHz])
3   t=0:dt:te;  % 時間軸の等間隔ベクトルの生成
4   xca=9.5*cos(2*pi*t)+9.5;  % アナログ信号
5   Ts=0.1;  % ディジタル信号のサンプリング間隔(fs=10[Hz])
6   tn=0:Ts:te;  % サンプル時刻を与える等間隔ベクトルの生成
7   n=tn/Ts;  % サンプル番号を与える等間隔ベクトルの生成
8   xcd=9.5*cos(2*pi*tn)+9.5;  % ディジタル信号(サンプル値信号)
9   rxcd=round(xcd);  % 量子化ディジタル信号(整数値への丸め)
10  brxcd=dec2bin(rxcd,8)  % 整数を2進数の文字列に変換(表示)
11  b=zeros(length(xcd),8);  % 2進数(ビット列)の初期化
12  for k=1:length(xcd)
13      for l=1:8
14          b(k,l)=str2double(brxcd(k,l));  % 各ビット(文字列)を数値へ型変換
15      end
16  end
17  b(length(xcd)+1,:)=b(length(xcd),:);  % 表示用に同値を追加
18  c=reshape(b',1,[ ]);  % パラレル-シリアル変換
19  figure(1)  % 図3.3
20  subplot(3,1,1)
21  plot(t,xca);  % アナログ信号の表示
22  axis([0,te,-2,22]); xlabel('Time [sec]'); ylabel('x(t)')
23  subplot(3,1,2)
24  stem(tn,xcd,'fil');  % サンプル値信号の表示
25  axis([0,te,-2,22]); xlabel('Time [sec]'); ylabel('x(nT_s)')
26  subplot(3,1,3)
27  stem(tn,rxcd,'fil');  % 整数量子化ディジタル信号の表示
28  axis([0,te,-2,22]); xlabel('Time [sec]'); ylabel('$\hat{x}(nT_s)$','
    Interpreter','latex')
29  grid on; grid minor
30  figure(2)  % 図3.4
31  stem(n,rxcd,'fil');  % 整数量子化ディジタル信号の表示(塗りつぶし)
32  hold on
33  stem(n,xcd);  % ディジタル信号の表示
34  axis([0,te/Ts,0,20]); xlabel('Number of samples'); ylabel('$x(n),\hat{x}(n)$
    ','Interpreter','latex')
35  grid on; grid minor
36  figure(3)  % 図3.5
37  for m=1:1:8
38      subplot(8,1,m)
39      stairs(b(:,m));  % ビット列の波形表示
40      axis([1,length(rxcd)+1,-0.2,1.2])
41      axis off
42  end
```

```
43 figure(4)  % 図3.7
44 stairs(c);  % ビット列の表示
45 axis([1,length(xcd)*8,-0.2,1.2]);
46 xlabel('Number of bit'); ylabel('$\hat{x}_{b}(nT_s)$','Interpreter','latex')
```

アナログ信号 $x(t)$，サンプル値信号 $x(nT_s)$，および量子化サンプル値信号 $\hat{x}(nT_s)$ は図 3.3 のようになります．量子化サンプル値信号は，35 行目の grid 関数によりグリッド細線を加えて表示しています．

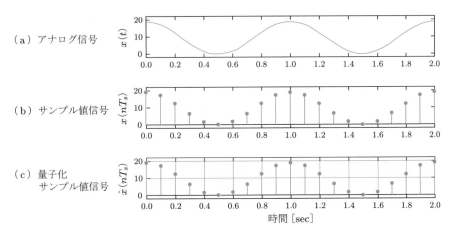

（a）アナログ信号

（b）サンプル値信号

（c）量子化 サンプル値信号

時間 [sec]

図 3.3　アナログ信号とサンプル値信号

プログラム 9 行目の round 関数は，小数第 1 位を四捨五入して整数に量子化します（丸めます）．図 3.4 に，量子化前後のディジタル信号を重ねて示します．量子化後の振幅値が異なるため，この誤差を雑音重畳とみなすこともあります．

プログラム 10 行目の dec2bin 関数は，10 進数を 8 ビットの 2 進数表現の文字列に変換します．各信号値は，

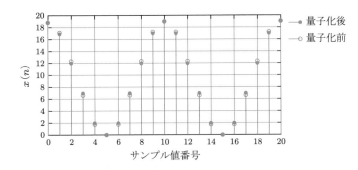

図 3.4　実数値ディジタル信号と整数量子化ディジタル信号

$$\hat{x}_b(0) = 00010011(19), \quad \hat{x}_b(T_s) = 00010001(17),$$

$$\hat{x}_b(2T_s) = 00001100(12), \quad \hat{x}_b(3T_s) = 00000111(7),$$

$$\hat{x}_b(4T_s) = 00000010(2), \quad \hat{x}_b(5T_s) = 00000000(0), \cdots$$

と表されます．括弧内の数字は 10 進数表現の値です．

　次に，14 行目の str2double 関数により 8 ビット表現の文字列を倍精度数値へ変換します．ビット 1 をパルスあり，ビット 0 をパルスなしとして，39 行目の stairs 関数を用いると，図 3.5 のように各時刻での各ビット桁を周期 $T_s = 0.1$ [sec] の並列のパルス信号として表せます．上段が MSB（most significant bit），下段が LSB（least significant bit）のパルス信号列となります．

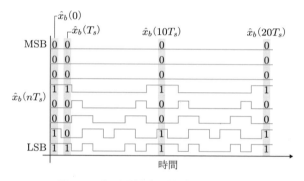

図 3.5　ビット列を表す並列パルス信号列

　さらに，図 3.5 の 8 ビット 2 進数の並列パルス信号を，MSB から LSB の順に直列に並ぶ 8 ビットのパルス信号列に変換します．図 3.6 に示す，周期の 1/8 倍で動作する高速スイッチによりパルス列を読み取ると，図 3.7 のビット列のパルス列信号に変換されます（P-S 変換：パラレル–シリアル変換）．$T_s = 0.1$ [sec] でサンプリングされている場合，ビットの並びの周期は $T_s/8 = 0.0125$ [sec] になります．

　プログラム 18 行目の reshape 関数により，配列形状を並列表現から縦列表現に変

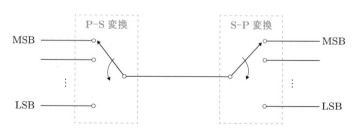

図 3.6　並列パルス信号と直列パルス信号の変換

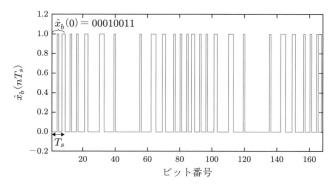

図 3.7 ビット列を直列パルス信号で表した量子化ディジタル信号

更し，44 行目の stairs 関数を用いることで数値を階段状グラフとして表示してい
ます．

3.3 D-A 変換

実習 3.2 ディジタル信号をアナログ信号に変換してみよう

図 3.7 の直列パルス信号で表されたビット列の量子化サンプル値信号を，図
3.2 の過程で D-A 変換して表示しなさい．

プログラム 3.2

```
1  close all; clc  % プログラム3.1の変数はクリアしない
2  rrxcd=bin2dec(brxcd);  % 2進数の文字列を10進数の整数に変換
3  Nn=te/Ts;  % 時間区間での信号値間隔の数（サンプル値信号数-1）
4  TN=Ts/dt;  % 1サンプリング間隔あたりの信号刻みの数（刻み数-1）
5  rxch=zeros(1,length(xca));  % 量子化後振幅値のホールド信号の初期化
6  for k=1:Nn
7      rxch((k-1)*TN+1:k*TN)=rrxcd(k);  % 量子化ホールド信号の生成
8  end
9  figure(1)  % 図3.8
10 plot(t,rxch);  % ホールド信号の表示
11 hold on
12 stem(tn,rrxcd,'fil','--r');  % 量子化サンプル値の表示
13 axis([0,te,-2,22]);
14 xlabel('Time [sec]'); ylabel('$\hat{x}(nT_s), \hat{x}(t)$','Interpreter','lat
   ex');
15 N=length(rxch);  % 信号区間の信号長（周波数域長）
16 X=fft(rxch);  % 離散フーリエ変換
17 fa=1/dt;  % アナログ信号の刻み幅に対するサンプリング周波数
18 fl=1.5;  % LPFの遮断周波数1.5[Hz]
19 Nl=round((N-1)*fl/fa);  % 遮断周波数の周波数サンプル値
20 H=zeros(1,N);  % フィルタの初期化全0（阻止域）
```

```
21  H(1:N1)=1;H(N-N1+2:N)=1;  % fl=1.5[Hz]まで1(通過域)
22  Xr=X.*H;  % LPF処理
23  fcr=ifft(Xr);  % 逆離散フーリエ変換
24  figure(2)  % 図3.9
25  plot(t,fcr,t,xca,'--');  % 再構成アナログ信号ともとのアナログ信号の表示
26  axis([0,te,-2,22]); xlabel('Time [sec]'); ylabel('x(t)')
```

実習 3.1 のディジタル信号 brxcd を用いて，アナログ信号を表示します．図 3.7 の
2 進数列（ビット列）の直列パルスを，図 3.6 に示した S-P 変換（シリアル – パラレ
ル変換）で処理することで，図 3.5 の並列パルスに変換します．

プログラム 2 行目の bin2dec 関数は，2 進数の文字列で表されている信号値
$\hat{x}_b(nT_s)$ を，$T_s = 0.1\,[\text{sec}]$ 間隔の 10 進数の量子化ディジタル信号 $\hat{x}(nT_s)$ に変換し
ます．

量子化信号値 $\hat{x}(nT_s)$ を連続時間信号に変換するためには，ホールド回路を用いま
す．5〜8 行目はサンプル値間を一定に保つホールド処理で，図 3.8 のような階段状
のアナログ信号 $\hat{x}(t)$ がグラフ表示されます．

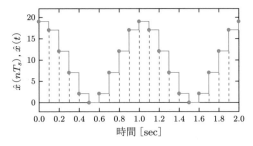

図 3.8　**量子化ディジタル信号 $\hat{x}(nT_s)$ とホールド信号 $\hat{x}(t)$**

次に，ホールド信号の平滑化処理について説明します．図 3.8 のホールド信号はパ
ルス信号列なので高周波成分が多く，もとの波形と概形はかなり異なります．ホール
ド信号の高周波成分を除去してもとのアナログ信号を復元するために，低域通過フィ
ルタ（low pass filter: LPF）による処理を行います．

式 (3.1) のアナログ信号は直流（0 [Hz]）と 1 [Hz] の余弦波の混合信号なので，最
大周波数は 1 [Hz] となり LPF の通過域端（遮断周波数）を 1.5 [Hz] に設定すると，
16〜23 行目のプログラムにより平滑化が行えます†．

図 3.8 のホールド信号 $\hat{x}(t)$ に対して平滑化処理を施した再構成アナログ信号を，

---

† 信号の最大周波数と LPF の遮断周波数の設定等の関係については次節で説明します．また，種々の
　LPF を用いた信号処理については 6 章で説明します．

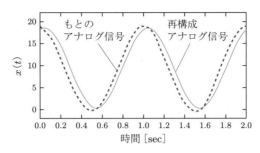

図 3.9 アナログ信号の再構成

図 3.9 に示します．もとのアナログ信号と，復元により得られた再構成アナログ信号（平滑化信号）との間には，若干の遅延や誤差は存在しますが，概形はほぼ一致していることが確認できます．

　誤差の原因は，量子化誤差およびホールド信号に対する近似的な LPF 処理によります．次節では，サンプリングと復元誤差の関係について検討します．

3.4 サンプリング定理

　アナログ信号をディジタル信号に変換し，もとのアナログ信号へ再構成するためには，一定の条件を満たす必要があります．この条件を与えるのが，サンプリング定理（標本化定理）です．

> **● note　サンプリング定理（標本化定理）**
>
> 　アナログ信号 $x(t)$ が，次式のような帯域制限信号であるとします．
>
> $$X(\omega) = 0, \quad |\omega| > \omega_m = 2\pi f_m \tag{3.2}$$
>
> すなわち，その最大の周波数成分が f_m [Hz]（最大角周波数が ω_m [rad/sec]）以下であるとします．
>
> 　この $x(t)$ をサンプリング間隔 T_s [sec] でサンプリングして，サンプル値信号 $x(nT_s)$，$n = 0, 1, 2, \cdots$ を取得したとします．このとき，サンプリング周波数 $f_s = 1/T_s$ [Hz] が，次の条件を満たせばもとの信号を復元できます．これをナイキスト条件といいます．
>
> $$f_s > 2f_m, \quad T_s < \frac{1}{2}T_m \tag{3.3}$$
>
> ここで，$T_m = 1/f_m$ です．もとの信号 $x(t)$ は，次のように求められます．
>
> $$x(t) = \sum_{n=-\infty}^{+\infty} x(nT_s) \frac{\sin\{\omega_m(t - nT_s)\}}{\omega_m(t - nT_s)} \tag{3.4}$$

ナイキスト条件を満たさない場合，すなわち $f_s < 2f_m$ となるサンプリングをアンダーサンプリングといい，このときエイリアジング現象（異名現象）とよばれる現象が発生します．また反対に，通常より高いサンプリング周波数でサンプリングすることを，オーバーサンプリングといいます．

アナログ信号 $x(t)$ をサンプリング周波数 f_s でサンプリングしたアナログ信号 $x_s(t)$ のフーリエ変換は，$x(t)$ のフーリエ変換を $X(f)$ として，

$$X_s(f) = f_s \sum_{n=-\infty}^{+\infty} X(f - nf_s) \tag{3.5}$$

と表されます．式 (3.5) より，周波数スペクトル $X_s(f)$ は，大きさが f_s 倍の $X(f)$ が周波数軸上で $nf_s, n = \pm1, \pm2, \cdots$ の間隔で高周波成分として発生します．これらの高周波成分を LPF で除去することで，もとの信号が復元されます[†]．

実習 3.3 エイリアジング現象を見てみよう

次式のアナログ信号（最大周波数 $f_m = 8\,[\mathrm{Hz}]$）を，以下の条件でサンプリングして，復元した波形を表示しなさい．

$$x(t) = \cos 16\pi t + 1 \tag{3.6}$$

(1) サンプリング周波数を $f_s = 20\,[\mathrm{Hz}]$（$T_s = 0.05\,[\mathrm{sec}]$）とし，LPF の通過域端を $f_l = 8.5\,[\mathrm{Hz}]$ とした場合

(2) サンプリング周波数を $f_s = 10\,[\mathrm{Hz}]$（$T_s = 0.1\,[\mathrm{sec}]$）とし，LPF の通過域端を $f_l = 2.5\,[\mathrm{Hz}]$ とした場合

プログラム 3.3

```
1  te=2.0;  % 信号区間端(0〜te[sec])
2  dt=0.001;  % 連続時間軸の刻み幅(サンプリング周波数1[kHz])
3  t=0:dt:te;  % 等間隔時間軸ベクトルの生成
4  xca=cos(2*pi*8*t)+1;  % アナログ信号の生成
5  fs=20;  % サンプリング周波数fs=20[Hz],10[Hz]
6  Ts=1/fs;  % サンプリング間隔Ts=0.05[sec]
7  tn=0:Ts:te;  % サンプル時刻を与える等間隔ベクトルの生成
8  xcd=cos(2*pi*8*tn)+1;  % ディジタル信号の生成
9  TN=Ts/dt;  % 1サンプリング間隔あたりの刻み数
10 Nn=te/Ts;  % 時間区間での信号値の個数=サンプル個数
11 xch=zeros(1,length(xca));  % ホールド信号サイズの初期化
12 for k=1:Nn
13     xch((k-1)*TN+1:(k-1)*TN+1)=xcd(k);  % 量子化前狭いパルスのホールド信号の生成
14 end
15 N=length(xch);  % 信号長(周波数域長)
```

[†] LPF の遮断周波数の設定等の扱いについては，6 章で説明します．

```
16  Xch=fft(xch);   % 離散フーリエ変換
17  fa=1/dt;   % アナログ信号の刻み幅に対するサンプリング周波数
18  fl=8.5;   % LPFの遮断周波数8.5[Hz],2.5[Hz]
19  Nl=round((N-1)*fl/fa);   % 遮断周波数の周波数サンプル値
20  H=zeros(1,N);   % フィルタの初期化(阻止域0)
21  H(1:Nl)=1; H(N-Nl+2:N)=1;   % flまで1(通過域)
22  Xchrec=Xch.*H;   % LPF処理(平滑化)
23  xrec=fa/fs*ifft(Xchrec);   % 式(3.5)の逆離散フーリエ変換なのでfa/fsを乗じて振幅値を正
        規化
24  figure(1)   % 図3.10,図3.12
25  plot(t,xca,'r--',t,xrec,'k-');   % 原信号および再構成アナログ信号の表示
26  hold on   % グラフを表示状態で保持
27  stem(tn,xcd,'fil','b','Linestyle','none');   % サンプル値信号のプロット
28  axis([0,te,-0.2,2.2]); xlabel('Time [sec]'); ylabel('x(t), x(nT_s)');
29  legend('Original analog signal','Reconstructed analog signal','Sampled signal
        ');
```

(1)　ナイキスト条件を満たす場合

図 3.10 に，式 (3.6) のもとのアナログ信号（破線）と，サンプル値 $(T_s = 0.05\,[\mathrm{sec}])$ および復元されたアナログ信号（実線）を示します．

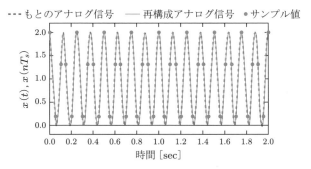

図 3.10　**アナログ信号とサンプル値および再構成アナログ信号**（$T_s = 0.05\,[\mathrm{sec}]$, $f_l = 8.5\,[\mathrm{Hz}]$）

図 3.11 にはサンプル値アナログ信号のパワースペクトルの概念図を示します．サンプリング周波数の範囲（-10〜$+10\,[\mathrm{Hz}]$）において，もとのアナログ信号成分（$0\,[\mathrm{Hz}]$ および $\pm 8\,[\mathrm{Hz}]$ の成分）が存在しています．式 (3.5) から，もとのパワースペクトル成分が周波数軸上で周期を $f_s = 20\,[\mathrm{Hz}]$ として等間隔で繰り返し現れます．この例ではナイキスト条件（$f_s > 2f_m$）を満たすので，隣接スペクトル間の重なりは見られません．このため図 3.11 のように通過域端が $f_l = 8.5\,[\mathrm{Hz}]$ の LPF（破線）で処理を行うと，もとのアナログ信号のスペクトル成分が抽出されるので，ほぼ正確に再構成できます．

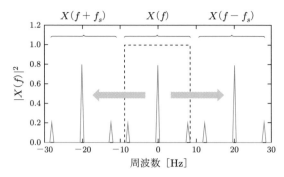

図 3.11　パワースペクトルと LPF 特性（$f_s = 20\,[\mathrm{Hz}]$，$f_l = 8.5\,[\mathrm{Hz}]$）

(2)　ナイキスト条件を満たさない場合

　図 3.12 に，もとのアナログ信号（破線）とサンプル値（$T_s = 0.1\,[\mathrm{sec}]$）および復元されたアナログ信号（実線）を示します．この例では，最大周波数が $f_m = 2\,[\mathrm{Hz}]$ のアナログ信号として再構成されています．このようにアンダーサンプリングにより本来の高周波数成分（$f_m = 8\,[\mathrm{Hz}]$）が低周波数に折り返される現象をエイリアジングといいます．

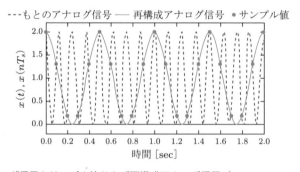

図 3.12　アナログ信号とサンプル値および再構成アナログ信号（$T_s = 0.1\,[\mathrm{sec}]$，$f_l = 2.5\,[\mathrm{Hz}]$）

　図 3.13 にはサンプル値アナログ信号のパワースペクトルの概念図を示します．サンプリング周波数の範囲（$-5 \sim +5\,[\mathrm{Hz}]$）において，もとのアナログ信号にはなかった成分（$\pm2\,[\mathrm{Hz}]$ の成分）が存在しています．もとのパワースペクトル成分が，周波数軸上で周期を $f_s = 10\,[\mathrm{Hz}]$ として等間隔で繰り返し現れているためです．

　したがって，図 3.13 のように通過域端が $f_l = 2.5\,[\mathrm{Hz}]$ の LPF（一点鎖線）で処理を行うと，直流成分と低周波数成分（$2\,[\mathrm{Hz}]$）が重畳したアナログ信号が図 3.12 のように再構成されます．なお，$f_l = 8.5\,[\mathrm{Hz}]$ の LPF（破線）で復元すると $8\,[\mathrm{Hz}]$ の余弦波も重畳するため，再構成波形は図 3.14 のようになります．エイリアジングが発

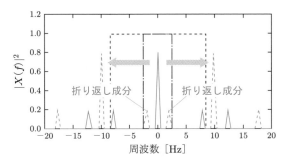

図 3.13 パワースペクトルと LPF 特性 ($f_s = 10\,[\text{Hz}]$, $f_l = 2.5\,[\text{Hz}]$)

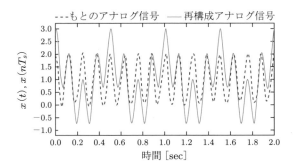

図 3.14 アナログ信号と再構成アナログ信号 ($f_s = 10\,[\text{Hz}]$, $f_l = 8.5\,[\text{Hz}]$)

生すると，もとのアナログ信号は復元できないことがわかります．

(3) 理想サンプリングと理想 LPF

ここで，サンプリング定理の前提条件について考えてみましょう．以下の仮定があることがわかります．

- サンプル値信号 $x(nT_s)$ は，$t = nT_s$ でのみ値をもつインパルス信号列です．これは，サンプル値信号が理想サンプリングで得られたものであることを意味します．すなわち，インパルス信号（幅がゼロのパルス信号）を用いて取得した正確な値（量子化なし）であると仮定されています．
- サンプル値信号からもとの信号を復元する際には，LPF を用いて $|f| > f_s$ となる高周波成分をすべてカットします．すなわち，$|f| \leq f_s$ であれば 100% 通過させ，$|f| > f_s$ であれば 100% 阻止する，理想的な LPF での処理が仮定されています．

しかし，現実にはこれは実現不可能です．そのため，できるだけこの条件に近づけることで，誤差を少なくします．図 3.15(a) に，狭いパルス幅のホールド信号として

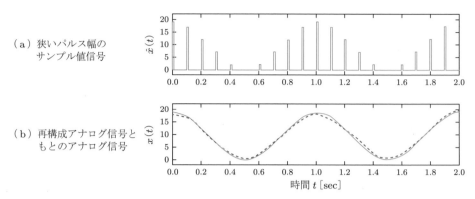

（a）狭いパルス幅の
　　　サンプル値信号

（b）再構成アナログ信号と
　　　もとのアナログ信号

図 3.15　狭いパルス幅のサンプル値信号を用いたアナログ信号の復元

量子化されたサンプル値信号を示します．また，この信号を実習 3.2 と同じ LPF で平滑化して再構成したアナログ信号を，図 (b) に示します．

　量子化および近似的 LPF の影響により誤差が生じていますが，狭いパルス幅のサンプル値信号のほうが理想サンプリングに近いため高周波成分は少なく，再構成の誤差は図 3.9 より小さいことがわかります．このように，ホールド信号の特性や平滑化を改良することでも誤差を低減化させることは可能になります．

（4）　帯域制限されていないアナログ信号

　おわりに，帯域制限されていない次式のアナログ信号のサンプリングと復元について考えてみます．

$$x(t) = \begin{cases} e^{-2t}, & 0 \le t \le T \\ 0, & t < 0 \end{cases} \tag{3.7}$$

　図 3.16 に，式 (3.7) のもとのアナログ信号（破線）とサンプル値（$T_s = 0.05\,[\text{sec}]$）および復元されたアナログ信号（実線）を示します（$f_l = 8.5\,[\text{Hz}]$）．この信号は，広い周波数帯域で成分をもちます．したがって，高いサンプリング周波数でサンプリングを行ってもナイキスト条件を満たさないためエイリアジングが起こり，高周波成分が再現されていません．しかし，高周波成分の大きさは小さいので，エイリアジングの影響は比較的小さく，概形はもとの波形に近いことがわかります．

　周波数帯域が制限されていないアナログ信号や，帯域幅が未知のアナログ信号をサンプリングする場合には，サンプリング前に LPF を用いて最大周波数を制限することで，エイリアジング現象の発生を防止する必要があります．

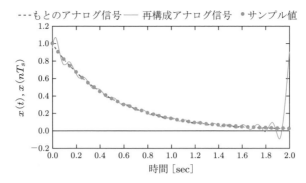

図 3.16 帯域制限されていないアナログ信号とサンプル値および再構成アナログ信号
($T_s = 0.05$ [sec], $f_l = 8.5$ [Hz])

演習問題

3.1 次式のアナログ信号をサンプリングするときのナイキスト条件を求めなさい.

$$x(t) = \cos 60\pi t \cos 20\pi t + 2\sin 70\pi t$$

3.2 アナログ信号 $x(t) = \cos 2\pi t + 1$ をサンプリングした後,サンプル値信号 $x(nT_s)$ を用
いてホールド信号 $\hat{x}(t)$ に変換しなさい.ホールド回路で用いるサンプリング区間の補
間方法には,以下が考えられます(問図 3.1).

(1) 0 次ホールド特性(サンプル値で保持する補間)
(2) パルス幅可変 0 次ホールド特性(任意のパルス幅比の信号で保持する補間)
(3) 指数減衰特性(減数特性をもつ信号で保持する補間)

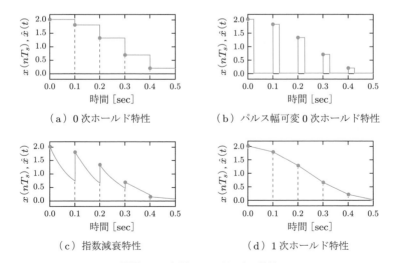

(a) 0 次ホールド特性   (b) パルス幅可変 0 次ホールド特性

(c) 指数減衰特性   (d) 1 次ホールド特性

問図 3.1 各種ホールド回路の特性

(4) 1 次ホールド特性（サンプル値間を直線でつなぐ補間）

また，各ホールド信号を LPF で平滑化し，再構成したアナログ信号を比較しなさい．

3.3 アナログ信号 $x(t) = \sin t, 0 < t < 2\pi$ の 2 乗平均および平方根 2 乗平均（実効値 rms）を，0 次ホールド信号を用いた近似値として求めなさい．

ディジタル信号の周波数解析

離散フーリエ変換について理解しよう

本章では，2 章で説明したアナログ信号の周波数解析を，ディジタル信号の変換により行います．すなわち，A-D 変換により得られたディジタル信号に対する，離散フーリエ変換（Discrete Fourier Transform：DFT）を用いたフーリエ解析について説明します．ディジタル信号（数値列）は必ずしも数式関数で表されなくても周波数解析が可能なため，適用範囲が広く実用的な方法になります．

4.1 離散フーリエ変換

ディジタル信号のフーリエ解析に用いる DFT は，信号値どうしの積と和の演算で計算しますが，複素正弦波を基にしたディジタル信号の成分の周波数（周期），振幅および位相が求められます．

実習 4.1 DFT を計算してみよう

次式のアナログ信号（周期 $T = 1\,[\text{sec}]$）のサンプル値を用いて DFT を求め，グラフ表示しなさい．ただし，図 4.1 のように解析区間を $L = 0 \sim 2.0\,[\text{sec}]$，サンプリング間隔を $T_s = 0.2\,[\text{sec}]$（サンプリング周波数 $f_s = 5\,[\text{Hz}]$），サンプル数を $N = 11$ としなさい．

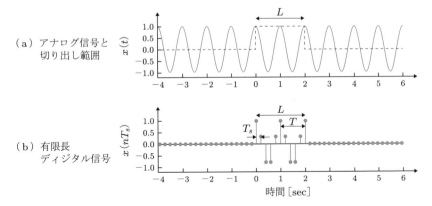

（a）アナログ信号と切り出し範囲

（b）有限長ディジタル信号

図 4.1　アナログ信号と有限長ディジタル信号

$$x(t) = \cos 2\pi t, \quad -\infty < t < +\infty \tag{4.1}$$

プログラム 4.1

```
1  tn=0:0.2:2;  % 切り出し区間のサンプリングの時間軸ベクトル
2  xd=cos(2*pi*tn);  % 切り出しサンプル値信号
3  Xf=fft(xd);  % ディジタル信号のDFT
4  Xp=Xf.*conj(Xf);  % DFT値の2乗
5  N=length(xd);  % 信号値およびDFTベクトルの長さ
6  k=0:1:N-1;  % 時間番号およびDFT番号の軸ベクトル
7  figure(1)  % 図4.2
8  subplot(2,1,1)
9  stem(k,xd,'fil','Marker','.','MarkerSize',16);  % 切り出しディジタル信号の表示
10 axis([0,N-1,-1.2,1.2]); xlabel('Number of samples'); ylabel('x(n)')
11 subplot(2,1,2)
12 stem(k,Xp,'fil','Marker','.','MarkerSize',16);  % DFTの表示
13 axis([0,N-1,0.0,0.4*10^2]); xlabel('Number of frequency samples'); ylabel('|X
   [k]|^2')
```

　3 行目の `fft` 関数はディジタル信号の DFT を計算し出力します[†1]．図 4.2 には
ディジタル信号とその DFT の 2 乗（パワースペクトル）をグラフ表示しています．
DFT は $X[k] = X[k+N]$ を満たす周期 N の周期関数なので，図 (b) は対称軸をも
つ形状になります[†2]．

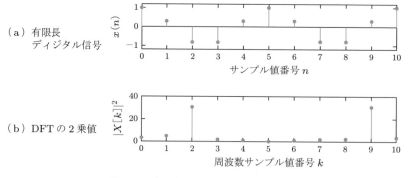

（a）有限長
　　ディジタル信号

（b）DFT の 2 乗値

図 4.2　ディジタル信号と DFT（1 周期）

[†1] DFT を効率的に計算するアルゴリズムを，高速フーリエ変換（Fast Fourier Transform：FFT）と
いいます．信号長が 2 のべき乗のときは，DFT の計算結果と誤差なく同じになります．
[†2] DFT の周期性や対称性については，4.4.2 項で説明します．

● note DFT と周波数スペクトル

有限の信号長 N のディジタル信号（または周期 N のディジタル信号の 1 周期）を $x(n),\ n = 0, 1, 2, \cdots, N-1$ とすると，DFT と逆離散フーリエ変換（Inverse DFT：IDFT）は，

$$X[k] = \sum_{n=0}^{N-1} x(n)e^{-j2\pi kn/N}, \quad k = 0, 1, \cdots, N-1 \tag{4.2}$$

$$x(n) = \frac{1}{N} \sum_{k=0}^{N-1} X[k]e^{j2\pi kn/N}, \quad n = 0, 1, \cdots, N-1 \tag{4.3}$$

と定義されています．DFT は複素数値になります．

DFT を用いた周波数スペクトルを $X[k] = |X[k]|e^{j\theta[k]}$ と表すと，振幅スペクトルは次式のようになります．

$$|X[k]| = \sqrt{(\mathrm{Re}[X[k]])^2 + (\mathrm{Im}[X[k]])^2} \tag{4.4}$$

また，位相スペクトルは次式のようになります．

$$\angle X[k] = \theta[k] = \tan^{-1} \frac{\mathrm{Im}[X[k]]}{\mathrm{Re}[X[k]]} \tag{4.5}$$

パワースペクトルは，$|X[k]|^2 = X[k]X[k]^*$ と表されます（$X[k]^*$：$X[k]$ の複素共役）．

4.2 有限長信号の周波数値

図 4.2 に示したように，DFT の横軸はゼロからはじめるサンプル値番号（整数値）になります．ここでは，周波数解析を行うときの実際の周波数値との関係について考えてみましょう．

図 4.3(a) は，実習 4.1 の DFT で求めたアナログ信号のパワースペクトルです．縦軸はサンプル値数（信号長）の 2 乗でパワースペクトルを割った振幅正規化パワースペクトル $|X[k]|^2/N^2$ としています．振幅値をサンプル数で正規化することにより，1 周波数成分あたりのパワースペクトル値を表すことになるので，信号長が異なる信号に対しても長さの影響が小さくなります．

ディジタル信号はサンプリングにより得られたサンプル値列なので，図 4.2 の横軸 $k = 0$ および $k = N-1$ が，図 4.3(a) ではそれぞれ 0 [Hz] およびサンプリング周波数 $f_s = 5$ [Hz] に対応します．もとのアナログ信号は 1 [Hz] の余弦波信号ですが，図 4.3(a) では，$f = 1$ [Hz] の正しいピーク成分と，$f = 4.5$ [Hz] にも成分が現れています．

スペクトルは周期 N の特性なので，原点（ゼロ周波数値）を中心に移動した図

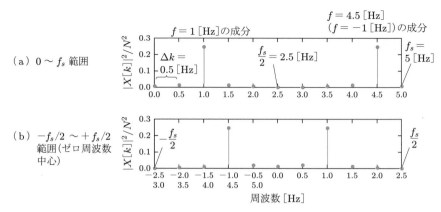

図 4.3　パワースペクトルの周波数値と周波数サンプル値番号の関係

4.3(b) では，正負の対称なところに同じ特性が現れます†．図 4.3(a) の $f = 4.5\,[\mathrm{Hz}]$ の成分は，図 4.3(b) では原点に対称な $f = -1\,[\mathrm{Hz}]$ の成分に相当します．いずれも周波数軸の刻み幅は $\Delta k = \Delta f = f_s/(N-1) = 0.5\,[\mathrm{Hz}]$ になります．サンプリング定理からエイリアジングを起こさないアナログ信号の最大周波数は $f_s/2 = 2.5\,[\mathrm{Hz}]$ になります．なお，実用上はパワースペクトルの範囲を $0 \sim f_s/2$ として，原点に対称な負の成分は表示されないようにします．

4.3　DFT を用いたパワースペクトル算出の注意点

実習 4.1 の例では，DFT（fft 関数）を用いてほぼ正確にアナログ信号の周波数解析がなされています．しかし，その精度は信号の切り出し位置や範囲，サンプリング周波数によって影響を受けることに注意が必要です．

本節では，余弦波信号を異なる条件で切り出したときのパワースペクトルを fft 関数により算出し，理論特性との差異について考察します．

> **実習 4.2**　有限区間の余弦波のパワースペクトルを DFT により求めてみよう
>
> 式 (4.1) の 1 [Hz] 余弦波信号のパワースペクトルを，条件が以下のように異なる場合について求め，それぞれ表示しなさい．ここで，$T_s\,(= \Delta t)$：サンプリング間隔（時間刻み幅），L_0：切り出し開始位置，L：解析区間長です．
>
> (1) 解析区間が異なる場合

---

† fft 関数を用いた後に fftshift 関数を適用すると，ゼロ周波数成分が配列の中心になるように DFT データが移動されます．

$$条件 A: \quad T_s = 0.005, \quad L_0 = 0, \quad L = 3.0$$

$$条件 B: \quad T_s = 0.005, \quad L_0 = 0.2, \quad L = 2.4$$

(2) サンプリング間隔が異なる場合

$$条件 C: \quad T_s = 0.001, \quad L_0 = 0, \quad L = 2.0$$

$$条件 D: \quad T_s = 0.06, \quad L_0 = 0, \quad L = 7.0$$

プログラム 4.2

```
1  L=3.0;  % 解析区間長
2  dt=0.005;  % サンプリング間隔(時間刻み幅)
3  L0=0.0;  % 開始位置
4  t=L0:dt:L0+L;  % 解析区間の等間隔時間ベクトル生成
5  fs=1/dt;  % サンプリング周波数(最大周波数の2倍)
6  x=cos(2*pi*t);  % 1[Hz]の余弦波信号
7  N=length(x);  % サンプル値数
8  df=fs/(N-1);  % 周波数点の間隔(周波数の刻み幅)
9  k=0:df:fs;  % 周波数区間の等間隔周波数ベクトル生成
10 X=fft(x);  % DFT
11 Xp=X.*conj(X)./N./N;  % パワースペクトルの振幅正規化
12 dXp=10*log10(Xp/max(Xp));  % デシベルの計算
13 figure(1)  % 図4.4
14 subplot(2,1,1)
15 plot(k,dXp,'k-');  % 振幅正規化パワースペクトルのデシベル表示
16 axis([0,fs/2,min(dXp),0]);  % 最大周波数までの範囲
17 grid on
18 xlabel('Frequency [Hz]'); ylabel('|X[k]|^2/N^2 [dB]')
19 subplot(2,1,2)
20 stem(k,Xp,'fil','b:','Marker','.','MarkerSize',14); hold on
21 plot(k,Xp,'k-');  % 振幅正規化パワースペクトルの表示
22 axis([0,10,0,0.3]);  % パワースペクトルの拡大線形表示
23 grid minor
24 xlabel('Frequency [Hz]'); ylabel('|X[k]|^2/N^2')
```

　まず，解析区間長の周波数解析への影響について考察します．図 4.4 に条件 A での正規化パワースペクトル（パワースペクトルの最大値が 0 [dB] となるデシベル表示[1]）を示します．パワースペクトルは，サンプリング周波数 $f_s = 200\,[\text{Hz}]$ の間隔で周期的に現れますが，0 [Hz] から $f_s/2 = 100\,[\text{Hz}]$ まで表示しています．図 (b) は，0〜10 [Hz] までの拡大図（線形表示）です．パワースペクトルは plot 関数でつないで表示しています[2]．

---

†1　パワースペクトルは，デシベル表示では $G = 10 \log_{10} |X[k]|^2\,[\text{dB}]$ と表されます．

†2　MATLAB では，ディジタル信号の周波数特性を表示する freqz 関数が用意されています．この関数を利用すると，周波数点数を選べたり，滑らかにつないで表示することができます．

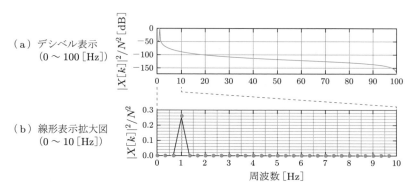

図 4.4　条件 A での振幅正規化パワースペクトル

　条件 A の解析区間長は $L = 3T$ なので，信号の周期の 3 倍と一致し，繰り返し境界では滑らかかつ連続的に接続します．また，偶対称な信号になります．そのため，本来のピーク特性は鋭く，それ以外の広範囲の帯域で $-100\,[\mathrm{dB}]$ 以下と減衰量が非常に大きく，線スペクトルに近いことが確認できます．また，周波数刻み幅は $\Delta f = 0.333\,[\mathrm{Hz}]$ となり，ピーク周波数は真値の $1\,[\mathrm{Hz}]$ にあることがわかります．

　次に，条件 B での振幅正規化パワースペクトルを図 4.5 に示します．条件 B の解析範囲は $L = 2.4T$ であり，信号周期の自然数倍ではないため，解析区間の信号に対称性はないうえ，見かけ上不連続な周期信号になります．このため，パワースペクトルのピークは低く鈍い特性で，減衰量も $-50\,[\mathrm{dB}]$ 程度で小さく，誤差は大きいことがわかります．図 (b) に示すように，周波数刻み幅は $\Delta f = 0.4167\,[\mathrm{Hz}]$ なので，ピーク周波数は真値と大きく異なる $0.83\,[\mathrm{Hz}]$ になります．さらに形状も崩れています[†]．

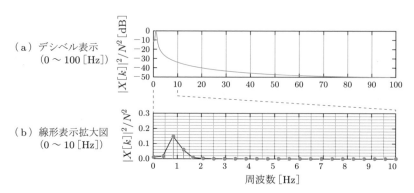

図 4.5　条件 B での振幅正規化パワースペクトル

---

† このような信号の切り出し時に起こる不連続性の影響を抑えるためには，窓関数を用います．窓関数の扱いについては 5.2 節で説明します．

次に，サンプリング周波数の影響について考察します．条件 C での振幅正規化パワースペクトルを図 4.6 に示します．解析区間は $L = 2T$ ですが，サンプリング間隔は狭く，サンプル値数は多くなります．解析区間は滑らかに接続し，サンプル値の密度が高いため，減衰量は大きくスペクトルピークも鋭い特性になります．周波数軸の最大値は 500 [Hz] となり，図 (b) に示すように周波数刻み幅は $\Delta f = 0.5$ [Hz] なので，ピーク周波数は 1 [Hz] になります．

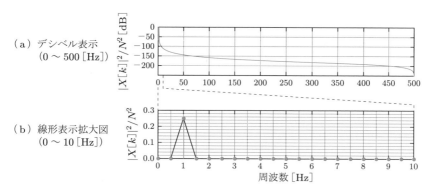

図 4.6 条件 C での振幅正規化パワースペクトル

条件 D での振幅正規化パワースペクトルを図 4.7 に示します．サンプリング周波数が低く，信号の周波数の自然数倍ではないので，ピークは鈍く，減衰量も -70 [dB] 程度と小さく，誤差は大きいことがわかります．周波数軸の最大値は 8.34 [Hz] となり，周波数刻み幅は $\Delta f = 0.1437$ [Hz] なので，ピーク周波数は 1.03 [Hz] になります．

実習 4.2 の解析範囲に関する条件の違いについて，パラメータ値をまとめると表 4.1 になります．

余弦波信号は理想的には線スペクトルになりますが，DFT を用いて近似的にスペ

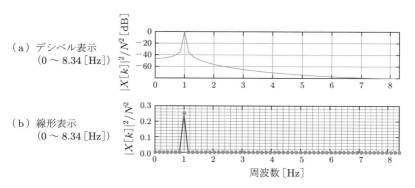

図 4.7 条件 D での振幅正規化パワースペクトル

表 4.1　実習 4.2 の各種パラメータ値

パラメータ	解析区間が異なる場合		サンプリング間隔が異なる場合	
	条件 A	条件 B	条件 C	条件 D
サンプリング間隔 $T_s(=\Delta t)$ [sec]	0.005	0.005	0.001	0.06
解析区間長 L [sec]	3.0	2.4	2.0	7.0
切り出し開始位置 L_0 [sec]	0.0	0.2	0.0	0.0
サンプリング周波数 f_s [Hz]	200	200	1000	16.67
サンプル数（信号長）N	601	481	2001	117
周波数刻み幅 $\Delta f(=\Delta k)$ [Hz]	0.3333	0.4167	0.5	0.1437
最大周波数 f_m [Hz]	100	100	500	8.34
ピーク周波数 $\hat{f}_0$ [Hz]	1	0.83	1	1.03

クトルを求めるときには，解析区間長 L とサンプリング周波数 f_s が精度に影響を与えることがわかります．解析区間長をサンプル数（信号長）N でディジタル化すると，

$$N - 1 = \frac{L}{T_s} = \frac{f_s}{\Delta f} \tag{4.6}$$

の関係式が成り立ちます．

　周波数解析では，f_s が大きいほど高周波数域まで解析範囲が広がります．周波数刻み幅 Δf が狭いほど周波数分解能が高くなり，詳細な周波数値が求められます[†]．

　L を固定したとき，f_s を大きくすると N は多くなりますが，Δf はそのままなので周波数分解能は変わりません．しかし，f_s を固定しているとき，L を大きくすると N は多くなり，Δf は小さくなることから周波数分解能は向上します．すなわち，解析区間長と周波数刻み幅には，

$$L\Delta f = 1 \tag{4.7}$$

の関係が成り立ちます．

　さらに，余弦波信号の周期 T（周波数 f_0）が既知であれば，誤差を少なくする解析の条件を設定することができます．解析区間を T の自然数倍（α 倍）に設定すると，解析範囲の繰り返し区間が連続になり誤差は少なくなります．このとき，f_0 は Δf の自然数倍になります．同時に，サンプリング定理に関する条件（$f_s > 2f_0, T_s < T/2$）から，

$$L = \alpha T \Leftrightarrow f_0 = \alpha\Delta f \tag{4.8}$$

---

† DFT は Δf の整数倍の周波数での値なので，Δf が小さければ周波数分解能が高いことになります．

$$\alpha < \frac{N-1}{2} \tag{4.9}$$

を満たす必要があります.

4.4　DFT を用いたディジタル信号の周波数解析

　アナログ信号 $x(t)$ の周波数成分を DFT を用いてディジタル的に求めるためには,サンプリング間隔 T_s とすべての時刻でのサンプル値 $x(nT_s)$ の情報が必要でした.

　一方,単なる数値列のディジタル信号 $x(n)$ は,時刻やサンプリング間隔に関する情報は含みません.また,$T_s = 1$ とおいたサンプル値信号 $x(nT_s)$ も便宜上 $x(n)$ として扱うことができます.このようにサンプリング間隔を基準にした $x(n)$ を,正規化サンプリング間隔(または正規化サンプリング周波数)のディジタル信号といいます.本節では,正規化周波数軸上のディジタル信号 $x(n)$ の周波数解析について説明します.

4.4.1　DFT とパワースペクトル

　ディジタル信号 $x(n)$ を $T_s = 1 \,[\text{sec}]$ のサンプル値信号とみなすと,サンプリング角周波数を $\omega_s = 2\pi \,[\text{rad/sec}]$(サンプリング周波数を $f_s = 1 \,[\text{Hz}]$)に正規化したことになります.このとき,実習 4.1 のディジタル信号のパワースペクトルの正規化周波数軸を図 4.8 に示します.周波数軸の目盛り間隔は $\Delta \omega_k = 2\pi/(N-1)$ および $\Delta f_k = 1/(N-1)$ になります.サンプリング周波数の半分が最大周波数なので,正規化角周波数軸では $\pi \,[\text{rad/sec}]$,正規化周波数軸では $0.5 \,[\text{Hz}]$ になります.

　パワースペクトル $|X[k]|^2$, $k = 0, 1, \cdots, N-1$ の,k に対する正規化角周波数および正規化周波数の値は,

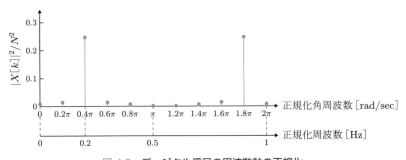

図 4.8　ディジタル信号の周波数軸の正規化

$$\omega_k = \frac{2\pi}{N-1}k, \quad k = 0, 1, \cdots, N-1 \tag{4.10}$$

$$f_k = \frac{1}{N-1}k, \quad k = 0, 1, \cdots, N-1 \tag{4.11}$$

と表されます.

　以上のように正規化周波数スペクトルは，実際のサンプリング周波数によらない表示になります．もし，実際にディジタル化したときのサンプリング周波数 f_s がわかれば，実際の周波数値を $f_x = f_k f_s$ [Hz] のように換算して求めることができます．図4.8 の余弦波の例では，$f_x = f_k f_s = (2/10) \cdot 5 = 1$ [Hz] になります.

4.4.2　DFT の信号長

　本項では，ディジタル信号の信号長が偶数時と奇数時のパワースペクトルの違いについて考察します．有限信号長 N のディジタル信号は，区間外ではゼロまたは $x(n) = x(n+N)$ を満たす周期信号の 1 周期区間を表します．また，$x(n)$ の DFT は $X[k] = X[k+N]$ を満たし，周期関数になります.

（1）　偶数長の DFT

　$N = 8$ のときのディジタル信号とその DFT の 2 乗値（パワースペクトル）を，図4.9 および図 4.10 に示します．パワースペクトルは $k = 0$ $(k = 4)$ を中心（対称点）とする周期特性になります．1 周期には繰り返しの対称成分が含まれるので，$k = 0$ 〜4 までが独立な周波数成分になります．なお，このディジタル信号は原点に関して偶対称なので，DFT は実数値をとります（虚部はゼロとなります）.

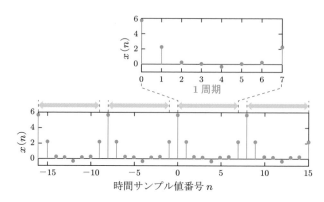

図 4.9　偶数長ディジタル信号（$N = 8$）

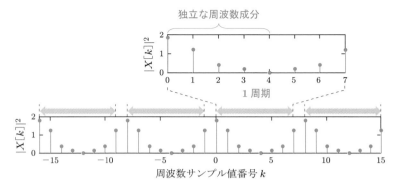

図 4.10　偶数長ディジタル信号のパワースペクトル（$N = 8$）

● note　信号の対称性と位相特性

　原点に関して偶対称なディジタル信号の DFT は，実数値になります．これを確かめてみましょう．まず，式 (4.2) で表される DFT の複素共役をとります．このとき，$x(n)$ および $e^{j2\pi kn/N}$ は，どちらも周期 N の周期関数であることに注意します．すなわち，総和記号において，和をとる範囲全体を N ずらしても値は変わりません．これを利用すると，DFT の複素共役は次のように表せます．

$$X[k]^* = x(0) + \sum_{n=1}^{N-1} x(n)e^{j2\pi kn/N} = x(0) + \sum_{n=1-N}^{N-1-N} x(n)e^{j2\pi kn/N}$$

$$= x(0) + \sum_{n=1}^{N-1} x(-n)e^{-j2\pi kn/N} = \sum_{n=0}^{N-1} x(-n)e^{-j2\pi kn/N}$$

したがって，$x(n) = x(-n)$ のとき $X[k]^* = X[k]$ となり，DFT は実数値となります．このとき，式 (4.5) の位相スペクトルは $\angle X[k] = \theta[k] = 0$ となり，これをゼロ位相特性といいます．

　次に，この原点に関して偶対称な信号 $x(n)$ を，時間 n_0 だけ遅らせた信号 $x_{\text{shift}} = x(n - n_0)$ の DFT について考えましょう．以下のようになります．

$$X_{\text{shift}}[k] = \sum_{n=0}^{N-1} x(n - n_0)e^{-j2\pi kn/N} = \sum_{n=-n_0}^{N-1-n_0} x(n)e^{-j2\pi k(n+n_0)/N}$$

$$= e^{-j2\pi kn_0/N}\left(\sum_{n=-n_0}^{-1} x(n)e^{-j2\pi kn/N} + x(0) + \sum_{n=1}^{N-1-n_0} x(n)e^{-j2\pi kn/N}\right)$$

$$= e^{-j2\pi kn_0/N}\left(\sum_{n=-n_0+N}^{-1+N} x(n)e^{-j2\pi kn/N} + x(0) + \sum_{n=1}^{N-1-n_0} x(n)e^{-j2\pi kn/N}\right)$$

$$= e^{-j2\pi kn_0/N}\left(x(0) + \sum_{n=1}^{N-1} x(n)e^{-j2\pi kn/N}\right) = e^{-j2\pi kn_0/N}X[k]$$

すなわち，$x(n)$ を時間 n_0 だけ遅らせた信号の DFT は，$x(n)$ の DFT に $e^{-j2\pi kn_0/N}$ を掛けたものになります（推移定理）．ここで，$X[k]$ は実数値ですから，

$$\angle X_{\text{shift}}[k] = \theta_{\text{shift}}[k] = -\frac{2\pi n_0}{N}k$$

となります．すなわち，位相スペクトル $X_{\text{shift}}[k]$ は周波数 k の 1 次関数で表されます．これを線形位相特性といいます．

(2)　奇数長の DFT

　次に，奇数長 $N = 7$ のときのディジタル信号とそのパワースペクトル例を，図 4.11 および図 4.12 に示します．パワースペクトルは $k = 0$ $(k = 3.5)$ を中心（対称点）とする周期特性になります．1 周期には繰り返しの対称成分が含まれるので，$k = 0 \sim 3$ までが独立な周波数成分になります．なお，奇数長の場合，最大周波数は $k = 3.5$ なので，このままでは最大周波数での DFT 値は求められないことに注意し

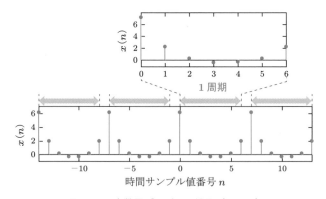

図 4.11　奇数長ディジタル信号（$N = 7$）

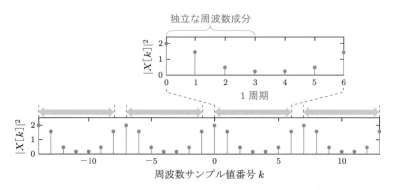

図 4.12　奇数長ディジタル信号のパワースペクトル（$N = 7$）

ます．原点に関して偶対称な信号なので，DFT が実数値となるのは偶数長の場合と同様です．

演習問題

4.1 次式のアナログ信号をサンプリング周波数 $f_s = 4$ [kHz] で正規化した，正規化角周波数ディジタル信号を求めなさい．

$$x(t) = \cos 200\pi t + \sin 500t, \quad -\infty < t < +\infty$$

4.2 サンプリング間隔が 250 [μsec] のディジタル信号において，正規化サンプリング角周波数軸上 0.4π [rad/sec] の周波数値はいくらになるか求めなさい．

4.3 問図 4.1 のような $L = 29$ の解析区間のディジタル信号（パルス幅 $N_T = 5$ の孤立信号）について，以下の問いに答えなさい．

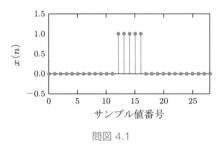

問図 4.1

   (1) 正規化周波数軸を用いて正規化振幅パワースペクトルを表示しなさい．

   (2) 周波数分解能を高くするにはどうしたらよいか答えなさい．

4.4 440 [Hz] の正弦波アナログ信号について，以下の問いに答えなさい．

   (1) サンプリング周波数を 8 [kHz] としてサンプリングした信号を表示しなさい．**sound** 関数を用いて，3 [sec] 程度音を再生しなさい．

   (2) パワースペクトルを求め表示しなさい．

   (3) **findpeaks** 関数を用いてピーク周波数を求め，**disp** 関数を用いてコマンド表示しなさい．

5章 定常信号のスペクトル解析

信号の周波数スペクトルを表示してみよう

前章では正弦波信号を対象にしていましたが，実際の信号は様々なスペクトル形状をもちます．本章では，信号値の急激な変化が少ないディジタル信号を対象に，実用的な周波数スペクトルの解析方法について説明します．種々の定常信号を用いたパワースペクトル推定のシミュレーションを行いながら，窓関数の影響について考察します．

5.1 広帯域信号のパワースペクトル

前章で扱った正弦波のパワースペクトルは鋭いピークの狭い帯域幅をもっていました．これは，正弦波は単一の周波数しかもたない信号であるためです．パワースペクトルを解析すると，波形の特徴がスペクトルの形状，帯域幅やピーク周波数などに現れます．

本節では，解析区間で広い帯域幅をもつ信号の周波数スペクトルを解析することにします．最も帯域の広い定常信号として，白色雑音（ホワイトノイズ）が有名です．雑音は規則性をもたずランダムに変動するので数式では表せませんが，擬似乱数を用いて振幅値がガウス分布（正規分布）となるディジタル信号を生成し，パワースペクトルを求め表示してみます．

実習 5.1 白色雑音を生成してみよう

擬似乱数を用いて信号長 $N = 1024$ の白色雑音のディジタル信号を生成し，波形および振幅正規化パワースペクトルを正規化周波数で表示しなさい．

プログラム 5.1

```
1  N=2^10;  % 信号長
2  n=0:N-1;  % 時間軸ベクトルの生成
3  nf=n/N;  % 正規化周波数軸ベクトルの生成
4  r=10; rng(r);  % 乱数の初期値
5  x=randn(1,N);  % 信号長Nの正規擬似乱数の生成（白色雑音）
6  X=fft(x); Xp=X.*conj(X)./N./N;  % 振幅正規化パワースペクトル
7  figure(1)  % 図5.1
8  subplot(2,1,1)
9  plot(n,x);  % 波形表示
```

```
10  axis([0,N-1,-4,4]); xlabel('Number of samples'); ylabel('x(n)')
11  subplot(2,1,2)
12  plot(nf,Xp);  % 振幅正規化パワースペクトルの表示
13  axis([0,1,0,8.0*10^(-3)]); xlabel('Normalized frequency [Hz]'); ylabel('|X[k]
    |^2/N^2')
```

　プログラム4行目と5行目では，標準正規分布の擬似乱数を生成する randn 関数と乱数の初期値（種）を与える rng 関数を用いています．初期値を変更することで，振幅値の異なる白色雑音が容易に生成できます．

　図5.1に，擬似乱数により生成した白色雑音（白色信号）と振幅正規化パワースペクトルを示します．周波数成分は，0 [Hz] から最大周波数まで全周波数帯に存在しています．白色信号は激しく変動しますが，振幅と位相が異なる多くの正弦波が重畳した信号といえます．

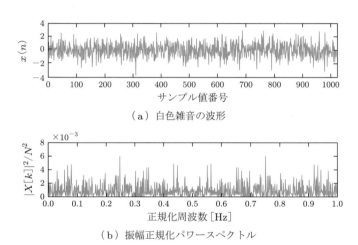

（a）白色雑音の波形

（b）振幅正規化パワースペクトル

図 5.1　正規分布の白色雑音と振幅正規化パワースペクトル

● **note**　正規分布と一様分布の白色雑音
━━━

　randn 関数で生成した白色信号の振幅値のヒストグラムを図5.2に示します．横軸は振幅値の範囲，縦軸はサンプル値の頻度（個数）を表します．平均値を中心として，釣鐘状となる正規分布（ガウス分布）をしています．randn 関数で生成されるのは平均0，分散1の正規分布で，これを標準正規分布といいます．

　一方，rand 関数を用いると，振幅値が [0,1] の範囲で一様に出現し，図5.3のようなヒストグラムになります．これを一様分布といいます．rand 関数で生成した白色信号と振幅正規化パワースペクトルを図5.4に示します．図（a）のように平均は0.5になるので，そのぶんを減算して平均を0としても，図（b）のように生成できます．なお，

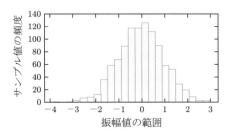

図 5.2　**白色雑音のヒストグラム（正規分布）**

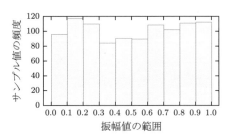

図 5.3　**白色雑音のヒストグラム（一様分布）**

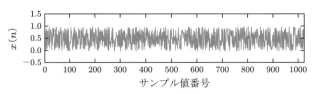

（a）白色雑音の波形

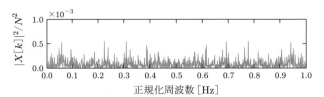

（b）振幅正規化パワースペクトル（直流成分を除く拡大表示）

図 5.4　**一様擬似乱数により生成した白色雑音と振幅正規化パワースペクトル**

一様分布の平均は出現範囲の中心値（ここでは上記のように 0.5），分散は出現範囲の 2 乗を 12 で割ったものとなり，ここでは $(1-0)^2/12 \fallingdotseq 0.08333$ になります．

　正規分布で生成した白色雑音は，振幅が大きな雑音は生じにくくなりますが，一様分布で生成した白色雑音は，振幅が大きな雑音も小さな雑音も，同じように生じることになります．通常は，正規分布のほうが実際の雑音に近く，好ましいとされています．

5.2 窓関数と周波数スペクトル解析

本節では，4.3 節で考察した有限長の解析区間の範囲条件についてさらに検討します．解析区間に窓関数を用いることで，周波数スペクトルの分解能が向上し，精度が改善することを確認していきます．

5.2.1 窓関数の効果

前章では，アナログ信号 $x(t)$ を解析する際に解析区間を指定し，窓関数

$$w(t) = \begin{cases} 1, & L_0 + L \geq t \geq L_0 \\ 0, & t < L_0 \text{ または } t > L_0 + L \end{cases} \tag{5.1}$$

を用いて $x_w(t) = w(t)x(t)$ のように信号を切り出し，次式のようにサンプル値信号の DFT を算出していました．

$$X_w[k] = \sum_{n=0}^{L-1} w(n)x(n)e^{-j2\pi kn/L} \tag{5.2}$$

実習 4.2 の条件 B では，式 (5.1) の矩形窓（方形窓）を用いていました．図 5.5 に，その切り出し信号と振幅正規化パワースペクトルの一例を示します．解析区間の両端の値が不連続になるために，0 [Hz] 付近や中周波数での減衰量は十分でないことがわかります．

次に，図 5.6 にハミング窓を適用した例を示します．切り出しの両端はほぼゼロなので不連続を起こさない効果があり，矩形窓より広い周波数帯域で大きい減衰を得ています．ただし，矩形窓のほうがピーク特性は鋭いことがわかります．

実際の信号の周波数スペクトルを解析する際には，解析区間の影響を低減するために窓関数をかけて行います．窓関数を用いた周波数スペクトルは，窓関数の特性に依存します．従来から，多くの窓関数が提案されています．

図 5.7 に，代表的な窓関数の時間領域での波形形状，および周波数領域での周波数スペクトル形状を示します．窓長はすべて $L = 128$ とし，wvtool 関数を使用して wvtool(窓関数,L) として表示しています．

スペクトル解析に用いる窓関数は対称形をしていて，両端で減衰する特徴があります．また，振幅スペクトルはゼロ周波数での特性の鋭さおよび減衰域での形状や減衰量に特徴が見られます．ピーク特性が比較的尖っている窓関数は，矩形波窓，三角窓やカイザー窓です．また，減衰量が一様に大きい窓関数は，ガウス窓やチェビシェフ窓ですが，ピーク特性の幅は若干広くなります．減衰量が大きい窓は，ハニング窓やブラックマン窓です．

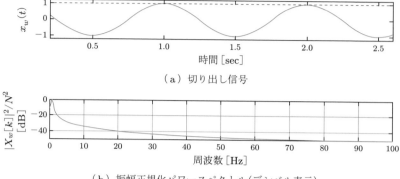

（a）切り出し信号

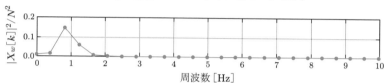

（b）振幅正規化パワースペクトル（デシベル表示）

（c）振幅正規化パワースペクトル（線形表示）

図 5.5　矩形波窓関数を用いた余弦波とパワースペクトル

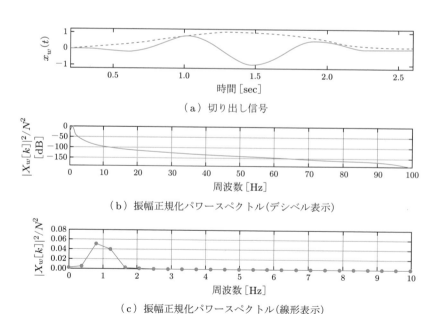

（a）切り出し信号

（b）振幅正規化パワースペクトル（デシベル表示）

（c）振幅正規化パワースペクトル（線形表示）

図 5.6　ハミング窓関数を用いた余弦波とパワースペクトル

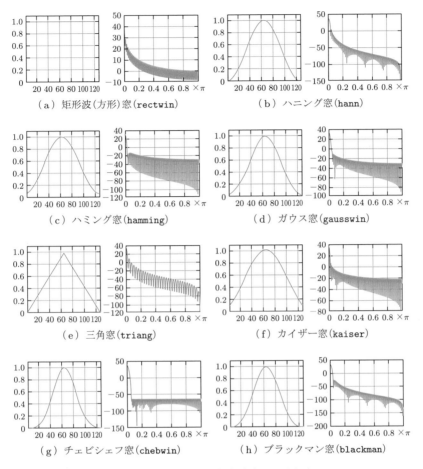

（a）矩形波（方形）窓（rectwin）　　（b）ハニング窓（hann）

（c）ハミング窓（hamming）　　（d）ガウス窓（gausswin）

（e）三角窓（triang）　　（f）カイザー窓（kaiser）

（g）チェビシェフ窓（chebwin）　　（h）ブラックマン窓（blackman）

図 5.7　各種窓関数の波形と振幅スペクトル

各図の左は時間領域の窓関数波形（縦軸：振幅，横軸：サンプル値番号），右は周波数領域の振幅スペクトル（縦軸：振幅 [dB]，横軸：正規化角周波数 [rad/sec]）

5.2.2　窓関数の選択

次に，種々の窓関数を用いて定常信号の周波数スペクトルを実際に求め，差異を見てみます．

実習 5.2　相関関数を用いてパワースペクトルを表示してみよう

2.4 [kHz] の余弦波と 2.24 [kHz] の正弦波の混合アナログ信号に分散 0.5 の白色雑音が加わった観測信号を 8 [kHz] でサンプリングし，次式で表される正規化周波数ディジタル信号 $x(n)$ を得ました．

$$x(n) = \cos 2\pi F_1 n + \sin 2\pi F_2 n + z(n) \tag{5.3}$$

矩形窓，ハミング窓，ハニング窓，ブラックマン窓を用いて，$n = 0$ から窓長 $L = 128$ で切り出した信号のパワースペクトルを，2.3節で述べたウィナー－ヒンチンの定理に基づいて求めなさい．

プログラム 5.2

```
1   L=2^7;  % 窓長
2   n=0:L-1;  % サンプル値番号軸ベクトル
3   F1=0.30; F2=0.28;  % 正規化周波数値
4   r=7; rng(r); w=randn(1,L);  % 白色雑音
5   x=cos(2*pi*F1*n)+sin(2*pi*F2*n)+0.5*w;  % 観測信号
6   wd=hann(L);  % ハニング窓関数
7   xw=wd'.*x;  % 窓関数の適用
8   [acxw,lagxw]=xcorr(xw,xw);  % 自己相関関数
9   Xwa=fft(acxw);  % パワースペクトル(ウィナー－ヒンチンの定理)
10  Xwaa=abs(Xwa);  % 振幅と位相補正
11  Nacxw=length(acxw);  % 自己相関信号長
12  ka=-pi:2*pi/(Nacxw-1):pi;  % 正規化角周波数軸ベクトル生成
13  Xwad=10*log10(Xwaa/max(Xwaa));  % 周波数スペクトル(dB表示)
14  figure(1)  % 図5.8
15  subplot(2,1,1)
16  plot(ka,Xwaa,'k-'); hold on  % 正規化角周波数軸状のパワースペクトル(線形表示)
17  axis([0,pi,0,max(Xwaa)]); xlabel('Normalized angular frequency [rad/sec]'); y
    label('|X_w[k]|^2')
18  subplot(2,1,2)
19  plot(ka, Xwad,'k-');  % パワースペクトル(dB表示)
20  axis([0,pi,min(Xwad),0]); xlabel('Normalized angular frequency [rad/sec]'); y
    label('|X_w[k]|^2 [dB]')
```

正規化周波数は $F_1 = f_1/f_s = 2400/8000 = 0.3$，$F_2 = f_2/f_s = 2240/8000 = 0.28$（正規化角周波数 $\Omega_1 = 2\pi F_1 = 0.6\pi\,[\text{rad/sec}]$，$\Omega_2 = 2\pi F_2 = 0.56\pi\,[\text{rad/sec}]$）になります．プログラム8行目では，窓関数で切り出した信号の自己相関関数を xcorr 関数により求めています．9行目では，ウィナー－ヒンチンの定理に基づき，自己相関関数の DFT によりパワースペクトルを求めています．

図5.8に，各種窓関数を用いたときのパワースペクトル図を示します．図より，矩形窓やハミング窓は，雑音下での二つの近接したピーク周波数の信号を比較的良好に区別しています．ブラックマン窓は広範囲において雑音を抑圧していますが，ピーク周波数の信号はほとんど識別できていません．

パワースペクトルは，窓関数の特性のみならず窓長によっても影響を受けます．窓長が長くなると周波数分解能が高く，二つのスペクトルピーク周波数を識別できるようになります．また，高い減衰特性が得られます．解析区間条件と周波数や時間の分

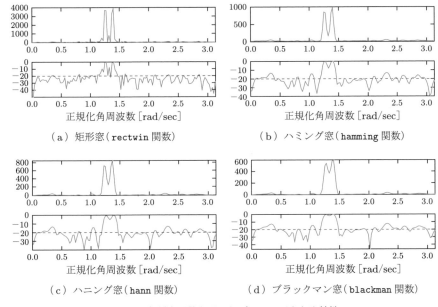

（a）矩形窓（`rectwin` 関数） （b）ハミング窓（`hamming` 関数）

（c）ハニング窓（`hann` 関数） （d）ブラックマン窓（`blackman` 関数）

図 5.8   **各種窓関数を用いたパワースペクトル特性**

各図の上段は線形表示（縦軸：$|X_w[k]|^2$），下段はデシベル表示（縦軸：$|X_w[k]|^2\,[\mathrm{dB}]$）

解能の関係については，9 章で説明します．

　以上のように，観測信号のパワースペクトルは解析区間の設定条件により表示結果が異なります．なお，解析区間が信号の周波数変動に比べて十分短い場合には，定常信号とみなすことができます．

5.2.3　位相スペクトル

　本項では，窓関数と位相スペクトルの関係について考えます．正弦波の位相は時間軸方向の位置に関する量になりますが，逆正接関数で表されるため $\pm\pi/2\,[\mathrm{rad}]$ の範囲で不連続に変化します．雑音付加による位相特性への影響について検討します．

> **実習 5.3**　位相スペクトルを表示してみよう
>
> 　窓長 $L = 512$ のハニング窓を用いて，22 [Hz] の余弦波を時間区間 $0 \le t \le 1\,[\mathrm{sec}]$ で切り出します．ただし，余弦波の初期位相は，図 5.9 のように $-7\pi/16$，$-3\pi/16$，$\pi/16$，$5\pi/16\,[\mathrm{rad}]$ とします．
> 　(1) サンプリング間隔とサンプリング周波数を求めなさい．
> 　(2) 切り出し信号の振幅スペクトルと位相スペクトルを求め，表示しなさい．

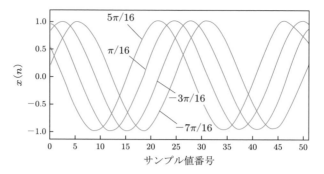

図 5.9　初期位相が異なる余弦波

プログラム 5.3

```matlab
L=2^9;  % 窓長(=信号長)
te=1;  % 時間区間端
Ts=te/(L-1);  % サンプリング間隔
fs=1/Ts;  % サンプリング周波数L-1[Hz]
df=fs/(L-1);  % 周波数刻み幅1[Hz]
t=0:Ts:te;  % 切り出し時間軸ベクトル
n=(L-1)*t;  % サンプル値番号ベクトル
nf=0:df:L-1;  % 周波数軸ベクトル
for p=-7*pi/16:pi/4:5*pi/16  % 初期位相
    x=cos(2*pi*22*t+p);  % 余弦波
    wd=hann(L); xw=wd'.*x;  % ハニング窓切り出し
    Xw=fft(xw); Xwa=abs(Xw);  % 振幅スペクトル(線形表示)
    Ph=atan(imag(Xw)./real(Xw));  % 位相スペクトル
    figure(1)  % 図5.10
    subplot(2,1,1)
    plot(n,xw); hold on;  % 信号表示
    axis([0,L-1,-1.2,1.2]); xlabel('Number of samples'); ylabel('x_w(n)');
    subplot(2,1,2)
    plot(nf,Xwa); hold on;  % 振幅スペクトル表示
    axis([0,(L-1)/2,0,150]); xlabel('Frequency [Hz]'); ylabel('|X_w[k]|')
    figure(2)  % 図5.11
    subplot(2,1,1)
    plot(nf,Ph); hold on;  % 位相スペクトル表示
    axis([0,(L-1)/2,-pi,pi]); xlabel('Frequency [Hz]'); ylabel('$\theta[k]$ [
     rad]','Interpreter','latex')
    subplot(2,1,2)
    plot(nf,Ph); hold on;  % 位相スペクトル表示(拡大)
    axis([17,27,-pi,pi]); xlabel('Frequency [Hz]'); ylabel('$\theta[k]$ [rad]
     ','Interpreter','latex')
end
```

　サンプリング間隔は $1/(L-1)\,[\mathrm{sec}] = 1.9569 \times 10^{-3}\,[\mathrm{sec}]$，サンプリング周波数は $L-1 = 511\,[\mathrm{Hz}]$ になります．プログラム 9 行目の for 文により初期位相を変えな

がら，13 行目で atan 関数を用いて位相スペクトルを求めます．切り出しの境界の不
連続を抑えるようにハニング窓を適用しています，初期位相の異なる余弦波信号およ
び振幅スペクトルを，図 5.10 に重ねて表示します．22 [Hz] がピーク周波数の振幅ス
ペクトルは，初期位相によらない特性であることがわかります．

図 5.11 に位相スペクトルを示します．atan 関数の位相は余弦波を基準に算出さ

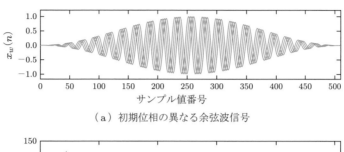

（a）初期位相の異なる余弦波信号

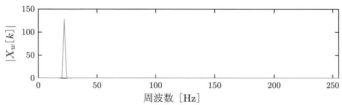

（b）振幅スペクトル（線形表示）

図 5.10　ハニング窓を用いた余弦波信号と振幅スペクトル

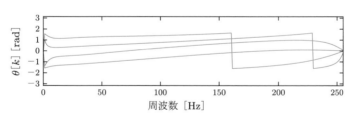

（a）初期位相の異なる位相スペクトル

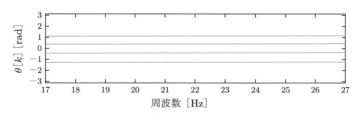

（b）位相スペクトル（拡大図）

図 5.11　ハニング窓を用いた余弦波信号の位相スペクトル

れ，±π/2 [rad] の範囲で変動します†．ピーク周波数以外の帯域では振幅成分が少な
いため，位相誤差は大きくなります．図 (b) は 22 [Hz] 近辺を拡大表示したグラフで
すが，良好な位相特性が求められています．

　図 5.12 には，白色雑音が加わったときの切り出し信号と振幅スペクトル例を示し
ます（初期位相：$-7\pi/16$ [rad]）．図 5.13 は位相スペクトルの拡大図です．広範囲の
周波数帯で振幅および位相の変動は見られるものの，ピーク周波数では位相特性の精
度が保たれていることがわかります．

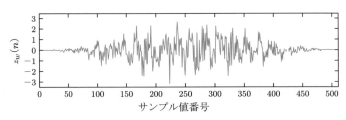

（ａ）雑音下の余弦波信号例

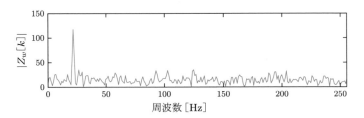

（ｂ）振幅スペクトル例（線形表示）

図 5.12　ハニング窓を用いた雑音下の余弦波信号と振幅スペクトル

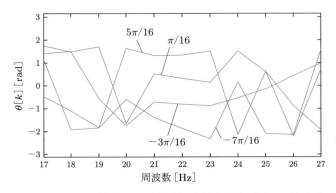

図 5.13　ハニング窓を用いた雑音下の余弦波信号の位相スペクトル

---

　† 正弦波を対象とする場合は，$+\pi/2$ [rad] の位相補正を行います．

5.3 モデリングによるパワースペクトル推定

前節では，窓関数 $w(n)$ と DFT を用いて，図 5.14(a) の流れで観測信号 $x(n)$ のパワースペクトルを等価的に推定しました．DFT を用いたスペクトル推定法はペリオドグラム（periodgram）とよばれています．

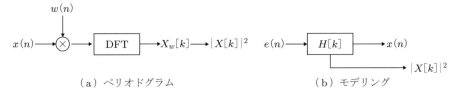

（a）ペリオドグラム　　　　　　　　　　（b）モデリング

図 5.14　スペクトル推定の流れ

本節では，図 5.14(b) のように，予測誤差 $e(n)$ を入力として観測信号 $x(n)$ を生成するモデル $H[k]$ を構築して，等価的にスペクトルを推定する方法について説明します．生成モデルを用いると，少ないパラメータでパワースペクトルを表示できます[†1]．

信号生成のモデリングを行うと，観測信号の DFT は次式のようにモデルと誤差信号の DFT の積で表されます（note「線形予測と AR モデル」参照）．

$$X[k] = H[k]E[k] \tag{5.4}$$

予測の精度が高まると，予測誤差 $e(n)$ は偏りのない白色信号に近づき，周波数スペクトルは一様に分布します．そこで，$E[k] = 1$ を仮定すると，観測信号のパワースペクトルは，

$$|X[k]|^2 = |H[k]|^2 \tag{5.5}$$

のようにモデルのパワースペクトルと等価になります．式 (5.5) のシステム $H[k]$ の係数は，N 個のモデルパラメータ（係数）のみで表されます．

式 (5.4) のモデルは，分子が 1 の IIR フィルタの構造で AR モデルとよばれています[†2]．モデルが FIR フィルタの構造の場合は MA（moving average：移動平均）モデル，分子分母をもつ IIR フィルタの構造の場合は ARMA（autoregressive moving average：自己回帰移動平均）モデルとよばれています．

[†1] 図 5.14(a) はノンパラメトリック法，図 (b) はパラメトリック法として分類されています．
[†2] IIR フィルタおよび FIR フィルタの構成や周波数特性については，7 章で説明します．

● note　線形予測と AR モデル

　図 5.15 の時刻 n でのディジタル信号値 $x(n)$ の予測値 $\hat{x}(n)$ を，次式のように N 個の過去の信号値 $x(n-1), \cdots, x(n-N)$ の線形結合を用いて，

$$\hat{x}(n) = a_1 x(n-1) + a_2 x(n-2) + \cdots + a_N x(n-N) \tag{5.6}$$

と表すことを線形予測といいます．

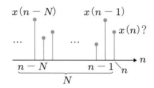

図 5.15　**不規則信号 $x(n)$ の線形予測**

　予測値と実際の信号値の予測誤差 $e(n) = x(n) - \hat{x}(n)$ の分散を

$$J(a_i) = E[(x(n) - \hat{x}(n))^2] \tag{5.7}$$

と表し，式 (5.7) を最小にする係数 a_i, $i = 1, 2, \cdots, N$ を求め，式 (5.6) の係数を決定します（導出は省略）．

　一方，$x(n) = e(n) + \hat{x}(n)$ なので，予測誤差と観測信号の関係は図 5.16 として表せます．予測誤差 $e(n)$ を線形予測モデルに入力することで，観測信号 $x(n)$ を生成することができます．

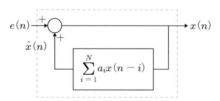

図 5.16　**予測誤差と観測信号の関係**

　周波数領域での各信号および係数の DFT の関係は，

$$X[k] = H[k]E[k] \tag{5.8}$$

$$H[k] = \frac{1}{1 - A[k]} \tag{5.9}$$

と表されます．式 (5.9) のモデル $H[k]$ は線形予測に基づく AR（autoregressive：自己回帰）モデルといいます．

> **実習 5.4** 正弦波周波数をモデリングにより推定してみよう

次式のような，雑音を含む観測信号のパワースペクトルを，線形予測に基づく AR モデルを用いて求め，表示しなさい．また，ペリオドグラムを求め，表示しなさい．なお，$\Omega_1 = 0.2\pi\,[\mathrm{rad/sec}]$ とし，$z(n)$ は白色雑音とします．

$$x(n) = 0.8\sin\Omega_1 n + 0.3z(n), \quad n = 0, 1, \cdots, N-1 \tag{5.10}$$

プログラム 5.4

```
1  N=2^12;  % 信号長N=4096
2  n=0:N-1;  % サンプル値番号ベクトル
3  r=10; rng(r);  % 乱数の初期値
4  xn=0.3*randn(1,N);  % 白色雑音
5  xs=0.8*sin(2*pi*0.1*n);  % 正弦波
6  x=xs+xn;  % 観測信号
7  SN=snr(xs,xn);  % SN比
8  disp(['SNR=',num2str(SN),'[dB]']);  % SN比表示
9  [pxx,wp]=periodogram(x,hanning(N),length(x/4));  % ペリオドグラム
10 [a,b]=lpc(x,27);  % 線形予測(ARモデル係数)
11 [Hm,wm]=freqz(b,a);  % モデルの周波数スペクトル
12 figure(1)  % 図5.18
13 plot(wm,20*log10(abs(Hm)))
14 axis([0,pi,-30,20]); xlabel('Normalized angular frequency [rad/sec]'); ylabel
   ('|X[k]|^2 [dB]')
15 figure(2)  % 図5.19
16 plot(wp,10*log10(pxx))
17 axis([0,pi,-40,30]); xlabel('Normalized angular frequency [rad/sec]'); ylabel
   ('|X[k]|^2 [dB]')
```

図 5.17 に，観測信号である白色雑音が重畳した正弦波信号を示します（信号長 $N = 4096$）．この信号の SN 比（note 参照）は，7 行目の snr 関数で求められ，$SNR = 5.4178\,[\mathrm{dB}]$ となっています．この信号に対し，9 行目の periodgram 関数

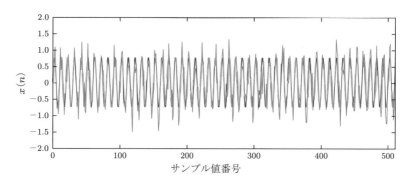

図 5.17 雑音を含む正弦波信号

で，窓長 $L = N/4 = 1024$ のハニング窓を適用したパワースペクトルを求めています．また，10 行目の lpc 関数で，27 次の線形予測に基づく AR モデルの係数を求めています[†]．

図 5.18 に AR モデリングを用いたパワースペクトルを示します．真値の正弦波角周波数（$\Omega_1 = 0.6283\,[\mathrm{rad/sec}]$）で緩やかなピーク特性をとり，ほかの帯域では周波数成分の変動は少なく白色雑音が除去されています．図 5.19 にペリオドグラムによるパワースペクトルを示します．正弦波周波数でのピークは鋭い特性になることがわかります．このように，モデリングは，ペリオドグラムよりかなり少ないパラメータ（次数 < 窓長）でパワースペクトルが求められます．

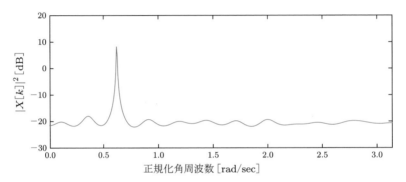

図 5.18　AR モデルによるパワースペクトル

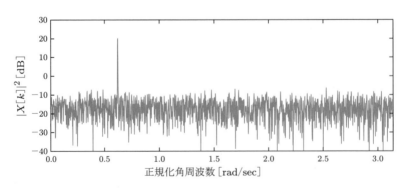

図 5.19　ペリオドグラムによるパワースペクトル

---

† MATLAB ではモデリングのために，lpc 関数以外にも aryule 関数，arcov 関数，arburg 関数や armcov 関数などが用意されています．

● note　SN 比（信号対雑音比）

信号 $s(t)$ に雑音 $n(t)$ が重畳しているとき，雑音付加の度合いを表す指標として SN 比（signal to noise ratio：信号対雑音比）が用いられます．信号の平均電力を $P_s = \sum_{t=0}^{N-1} s(t)^2/N$，雑音の平均電力を $P_n = \sum_{t=0}^{N-1} n(t)^2/N$ とすると，

$$SNR = 10\log_{10}\frac{P_s}{P_n} \tag{5.11}$$

と定義され，雑音電力を 1 としたときの信号電力の量になります．単位はデシベル（dB）です．信号と雑音が等しい（$P_s = P_n$）ときは $SNR = 0\,[\mathrm{dB}]$ になり，雑音量が小さければ（$P_s > P_n$）正値（$SNR > 0\,[\mathrm{dB}]$）に，雑音量が大きければ（$P_s < P_n$）負値（$SNR < 0\,[\mathrm{dB}]$）になります．

MATLAB では，s を信号ベクトル，n を雑音ベクトルとすると snr(s,n) で SN 比が求められます．雑音 n が未知で，観測信号 x と原信号 s が既知の場合には，n=x-s になります．

演習問題

5.1 振幅と周波数が異なる 3 本の正弦波（アナログ信号）を雑音環境下で観測したとき，窓関数を用いてパワースペクトルを求めなさい．また，findpeaks 関数を用いて，ピークが大きい順に各正弦波の周波数を求めなさい．

5.2 周波数が近接する 2 本の余弦波（ディジタル信号）を雑音環境下で観測したとき，パワースペクトルをモデリングにより求め，表示しなさい．また，次数の影響を考察しなさい．

5.3 身の回りの音などの信号を取得し，パワースペクトルを表示しなさい．また，周波数分解能が高いパワースペクトル推定を行うために必要な窓関数の条件について論じなさい．

章 たたみ込み演算による信号処理

たたみ込み演算で周波数成分を抽出してみよう

前章まで，周波数解析法について学んできました．本章では，信号処理の代表的な演算であるたたみ込み演算について学びます．たたみ込み演算によって実現する周波数選択性フィルタの信号処理について説明します．

6.1 たたみ込み演算とフィルタ

信号処理では，入力信号とインパルス応答とのたたみ込み演算を行うことで，出力信号を得ます．これをフィルタ（フィルタリング）とよびます．インパルス応答の特性によって様々な種類の処理が行えます．図 6.1 に信号処理の概念を示します．図の上側は入力・出力のどちらもアナログ信号であるアナログ信号処理です．下側のようにA-D/D-A変換を用いることで，アナログ信号処理と等価なディジタル処理を実現できます．

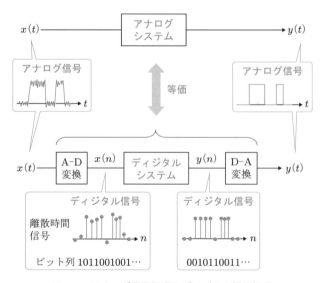

図 6.1　アナログ信号処理とディジタル信号処理

● **note　たたみ込み演算とインパルス応答**

アナログ信号のたたみ込み演算

アナログ入力信号 $x(t)$ とインパルス応答 $h(t)$ のたたみ込み演算（たたみ込み積分）は

$$y(t) = \int_{-\infty}^{+\infty} h(t-\tau)x(\tau)\mathrm{d}\tau \tag{6.1}$$

と定義されています.

インパルス応答 $h(t)$ とは，次式を満たすインパルス信号（デルタ関数）$\delta(t)$ を，アナログシステムに入力したときの出力（応答信号）のことです.

$$\begin{cases} \delta(t) = 0, \quad t \neq 0 \\ \int_{-\infty}^{+\infty} \delta(t)\mathrm{d}t = 1 \end{cases} \tag{6.2}$$

ディジタル信号のたたみ込み演算

ディジタル入力信号 $x(n)$ とインパルス応答 $h(n)$ のたたみ込み演算（たたみ込み和）は

$$y(n) = \sum_{k=-\infty}^{+\infty} h(n-k)x(k) \tag{6.3}$$

と定義されています[†].

インパルス応答 $h(n)$ とは，次式の単位インパルス信号 $\delta(n)$ をディジタルシステムに入力したときの出力のことです.

$$\delta(n) = \begin{cases} 1, \quad n = 0 \\ 0, \quad n \neq 0 \end{cases} \tag{6.4}$$

次の実習により，たたみ込み演算による信号の加工の過程を直感的に理解しましょう．アナログ信号を直接信号処理する場合と，A-D 変換したディジタル信号を処理する場合を対比させながら確認します.

実習 6.1　たたみ込み演算を行ってみよう

アナログ信号

$$x(t) = \begin{cases} 1, \quad 0 \leq t \leq t_T \\ 0, \quad その他 \end{cases} \tag{6.5}$$

[†] アナログ信号およびディジタル信号のたたみ込み演算は，$h(n) * x(n)$ のように記号を用いて表します．なお，たたみ込み演算は交換則が成り立ち，$x(n) * h(n)$ としても同じになります.

を，次式で表されるインパルス応答のアナログシステムに入力したとき，出力信号をたたみ込み演算で求め，表示しなさい.

$$h(t) = \begin{cases} e^{-t}, & t \geq 0 \\ 0, & t < 0 \end{cases} \tag{6.6}$$

また，$T_s = 1\,[\mathrm{sec}]$ でサンプリングしたときのディジタルシステムの出力信号をたたみ込み演算で求め，表示しなさい. ただし，$t_T = 5\,[\mathrm{sec}]$ とします.

プログラム 6.1

```
1  te=40.0;  % 時間軸端±te
2  dt=0.01;  % 時間刻み幅
3  t=-te/2:dt:te/2;  % 時間軸ベクトル
4  N=length(t)-1;  % 時間刻み数
5  n=-N/2:1:N/2;  % サンプル値間隔ベクトル
6  tu=5.0;  % パラメータ
7  y1a=0*t(t<0);
8  y2a=1-exp(-t(t>=0&t<=tu));
9  y3a=(exp(tu)-1)*exp(-t(t>tu));
10 ya=[y1a y2a y3a];  % アナログ出力信号
11 Nu=5;  % パラメータ
12 y1d=0*n(n<0);
13 y2d=(exp(1)-exp(-n(n>=0&n<=Nu)))/(exp(1)-1);
14 y3d=(1-exp(Nu+1))*exp(-n(n>Nu))/(1-exp(1));
15 yd=[y1d y2d y3d];  % ディジタル出力信号
16 figure(1)  % 図6.3
17 plot(t,ya); hold on;  % アナログ出力信号
18 stem(n,max(ya)*yd/max(yd),'fil',':');  % ピークを一致させたディジタル出力信号の表示
19 axis([-te/2,te/2,-0.1,1.2]); xlabel('Time [sec]'); ylabel('y(t)')
```

アナログシステムの出力信号は，式 (6.1) のたたみ込み積分により求められます. t の値に応じて，$x(\tau)$, $h(t-\tau)$ の値が以下のようになることに注意します.

$t < 0$ のとき：　$\tau < 0$ で $x(\tau) = 0$, $\tau \geq 0$ で $h(t-\tau) = 0$

$0 \leq t \leq t_T$ のとき：　$\tau < 0$ で $x(\tau) = 0$, $\tau > t$ で $h(t-\tau) = 0$

$t > t_T$ のとき：　$\tau < 0$ で $x(\tau) = 0$, $\tau > t_T$ で $x(\tau) = 0$

したがって，次のように求められます.

$$y(t) = \int_{-\infty}^{+\infty} h(t-\tau)x(\tau)\mathrm{d}\tau$$

$$= \begin{cases} 0, & t < 0 \\ \displaystyle\int_0^t e^{-(t-\tau)}\mathrm{d}\tau = 1 - e^{-t}, & 0 \le t \le t_T \\ \displaystyle\int_0^{t_T} e^{-(t-\tau)}\mathrm{d}\tau = e^{-t}(e^{t_T} - 1), & t > t_T \end{cases} \quad (6.7)$$

一方，$n_T = t_T$ としたディジタルシステムの出力信号は，式 (6.3) のたたみ込み和により求められます．同様に，n の値に応じて以下のようになることに注意します．

$n < 0$ のとき： $k < 0$ で $x(k) = 0$, $k \ge 0$ で $h(n-k) = 0$

$0 \le n \le n_T$ のとき： $k < 0$ で $x(k) = 0$, $k > n$ で $h(n-k) = 0$

$n > n_T$ のとき： $k < 0$ で $x(k) = 0$, $k > n_T$ で $x(k) = 0$

したがって，等比級数の和の公式を用いて，次のように求められます．

$$y(n) = \sum_{k=-\infty}^{+\infty} h(n-k)x(k)$$

$$= \begin{cases} 0, & n < 0 \\ \displaystyle\sum_{k=0}^{n} e^{-(n-k)} = \frac{e - e^{-n}}{e - 1}, & 0 \le n \le n_T \\ \displaystyle\sum_{k=0}^{n_T} e^{-(n-k)} = \frac{e^{-n}(1 - e^{n_T+1})}{1 - e}, & n > n_T \end{cases} \quad (6.8)$$

図 6.2 に，入力信号 $x(t)$ とインパルス応答 $h(t)$ を示します．たたみ込み演算とは，これら二つの信号をずらしながら順次重ね合わせる演算になっています（note「たたみ込み演算の過程」参照）．

図 6.3 に，たたみ込み演算によって求められた入力信号の処理結果を示します．概

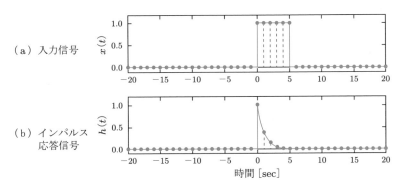

（a）入力信号

（b）インパルス
応答信号

時間 [sec]

図 6.2 **入力信号とインパルス応答**

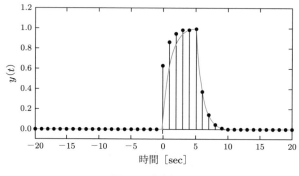

図 6.3　**出力信号**

形を比較するために，式 (6.7) のアナログ出力信号と式 (6.8) のディジタル出力信号
を重ねて表示しています．いずれも緩やかに立ち上がり減衰する形状に加工され，両
出力信号は概形が類似していることがわかります．このように，ディジタルシステム
はアナログシステムを近似的に実現し，シミュレーションの役割を果たしています．

　式 (6.3) で定義されるディジタル信号のたたみ込み演算は，信号値だけを用いた
積和演算です．すなわち，どのような信号でも，その測定値から定義どおりの信号
処理演算を行うことができ，（測定誤差を除けば）理論的な結果と実際の結果が一
致します．対してアナログ信号のたたみ込み演算では，信号 $x(t)$ は数式で表され
ていなければなりません．そのためディジタル信号のたたみ込み演算は適用範囲が
広く，実用的なフィルタになります．MATLAB では conv 関数が用意されていて，
y=conv(x,h,'same') でたたみ込み和が求められます†．

━━● **note　たたみ込み演算の過程** ━━━━━━━━━━━━━━━━━━━━━━━

　　たたみ込み和の演算過程をグラフ表示してみましょう．以下のような 2 通りの見方
ができます．たたみ込み和は，

$$y(n) = \sum_{k=-\infty}^{+\infty} h(n-k)x(k)$$

$$= \cdots + h(n)x(0) + h(n-1)x(1) + \cdots + h(n-5)x(5) + \cdots \tag{6.9}$$

と表されますが，式 (6.9) はインパルス応答を遅延させた信号 $h(n-k)$ に遅延時刻で
の入力信号値 $x(k)$ を乗じており，図 6.4 のように n 軸上の信号値重みが付いたインパ
ルス応答を，順次すべて重ね合わせて出力信号 $y(n)$ を得る演算になっています．

---

†　信号長 N_x の x と信号長 N_h の h のたたみ込み演算 y の信号長は，$N_x + N_h - 1$ になります．conv
　　関数で 'same' とすると，信号長を N_x とした中央部分を出力します．

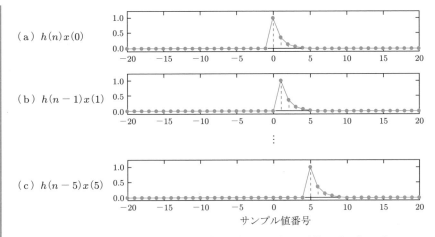

（a）$h(n)x(0)$

（b）$h(n-1)x(1)$

（c）$h(n-5)x(5)$

サンプル値番号

図 6.4　式 (6.9) のたたみ込み和（重み付きインパルス応答の重ね合わせ）

また，$k' = n - k$ とおくと，たたみ込み和は，

$$y(n) = \sum_{k'=-\infty}^{+\infty} x(-k' + n)h(k')$$

$$= \cdots + x(n)h(0) + x(-1+n)h(1) + \cdots + x(-5+n)h(5) + \cdots \quad (6.10)$$

のように展開されます．上式の $x(-k' + n) = x(-(k' - n))$ は，$x(n)$ を k' 軸上で時間反転した $x(-k')$ を，n 移動した信号を表します．図 6.5 に，k' 軸上の $x(-k' + n)$ およびインパルス応答 $h(k')$ を示します．入力信号が移動しながらインパルス応答信号で切り出され，重ね合わせると出力信号 $y(n)$ が得られる演算になります．

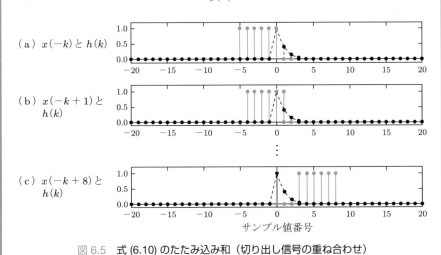

（a）$x(-k)$ と $h(k)$

（b）$x(-k+1)$ と $h(k)$

（c）$x(-k+8)$ と $h(k)$

サンプル値番号

図 6.5　式 (6.10) のたたみ込み和（切り出し信号の重ね合わせ）

　アナログシステムにおけるたたみ込み積分も同様に，$-\infty$ から $+\infty$ まで連続的にインパルス信号を順次入力し，$x(\tau)$ 倍した応答波形 $x(\tau)h(t-\tau)$ をすべて重ね合わせる演算です．ただし，たたみ込み積分とたたみ込み和は定義式が異なり，両者の出力信号の振幅は一致しません．式 (6.3) は，式 (6.1) の積分の正確な近似にはなっていないためです†．そこで，プログラム 6.1 の 18 行目では，ディジタル出力信号の最大振幅を，アナログ出力信号の最大振幅に一致させて表示するようにしています．

6.2　周波数成分の抽出

　本節では，たたみ込み演算を用いて周波数成分を分離するディジタル信号のフィルタリングについて説明します．フィルタリングは，たたみ込み和を直接計算する時間領域フィルタと，DFT を用いた周波数領域フィルタに大別できます．はじめに周波数領域でのフィルタリングを説明します．

6.2.1　DFT/IDFT を用いたフィルタ

　式 (6.3) の入力信号とインパルス応答とのたたみ込み和の DFT には，次式の関係が成り立ちます．

$$Y[k] = H[k]X[k] \tag{6.11}$$

したがって，$Y[k]$ の IDFT を行えば出力信号 $y(n)$ を得られるため，たたみ込み演算と等価な処理を周波数領域で実現できることになります．

　たたみ込み演算を周波数領域に変換した関係を基に，入力信号の周波数スペクトルをインパルス応答の周波数特性によって加工するフィルタを，DFT/IDFT を用いたフィルタとよぶことにします．図 6.6 に処理のブロック図を示します．

　インパルス応答の周波数特性（振幅特性，位相特性）を仕様として与えると，特定の周波数成分を抽出する周波数選択性フィルタになります．図 6.7 に周波数選択性フィルタの周波数特性の仕様例を表します．$H[k]$ は理想的な低域通過フィルタ（low pass filter：LPF）の正周波数領域での正規化角周波数特性（太線），$X[k]$ は信号の

---

†　式 (6.1) の積分を無限級数和で表すと，$\tau_k = k\Delta\tau$ $(\Delta\tau > 0)$ として，

$$y(t) = \lim_{\Delta\tau \to 0} \sum_{k=-\infty}^{+\infty} h(t-\tau_k)x(\tau_k)\Delta\tau$$

となります（実際に式 (6.5) と式 (6.6) を用いて，上式が式 (6.7) に一致することを確認してみてください）．すなわち式 (6.3) は，上式で $\Delta\tau = 1$ とした粗い近似であることがわかります．

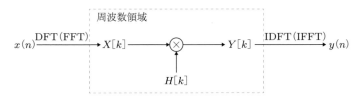

図 6.6 DFT/IDFT を用いたフィルタのブロック図

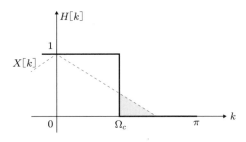

図 6.7 理想低域通過フィルタ特性

周波数スペクトル例（破線）です．Ω_c [rad/sec] は，通過域と阻止域の境界の遮断周波数を表します．理想特性なので通過域の特性値は 1，阻止域では 0 となります．入力信号の周波数スペクトルに理想 LPF を乗じると阻止域成分はゼロ（網かけの周波数成分）となり，通過域成分のみが出力信号として通過します．

なお，通過域が帯域特性の場合は帯域通過フィルタ（band pass filter：BPF），高域特性の場合は高域通過フィルタ（high pass filter：HPF）になります．

実習 6.2 DFT/IDFT を用いたフィルタリングを行ってみよう

アナログ信号（周波数 1200 [Hz] の余弦波）に白色雑音が付加された観測信号をサンプリング周波数 $f_s = 16$ [kHz] でサンプリングします．得られた信号長 $N = 80$ のディジタル信号に，DFT/IDFT を用いた LPF 処理（通過域端：2 [kHz]）を行います．このとき，以下の問いに答えなさい．

(1) 周波数刻み幅を求めなさい．
(2) 観測信号およびその振幅正規化パワースペクトルを表示しなさい．
(3) 目標とする LPF 特性およびフィルタリング後の信号を表示しなさい．
(4) フィルタリング前後の SN 比を求めなさい．

プログラム 6.2

```
1  fs=16000;  % サンプリング周波数
2  Ts=1/fs;   % サンプリング間隔
3  N=80;      % サンプル点数
4  t=0:Ts:Ts*(N-1);  % サンプリング時間ベクトル
```

```
 5  xc=cos(2*pi*1200*t);  % 1200[Hz]余弦波
 6  s=7;rng(s); xn=0.4*randn(1,N);  % 雑音レベル0.4の白色雑音
 7  x=xc+xn;  % 観測信号
 8  n=0:1:N-1;  % サンプル値番号
 9  X=fft(x); Xf=X.*conj(X);  % 観測信号のDFTとパワースペクトル
10  df=2*pi/(N-1);  % 正規化角周波数刻み
11  nf=0:df:df*(N-1);  % 正規化角周波数ベクトル
12  fc=2000; Wc=round((N-1)*fc/fs);  % 遮断周波数番号
13  H=zeros(1,N);  % LPF初期値ゼロ
14  H(1,1:Wc+1)=1;  % LPF通過域
15  H(1,N-Wc+1:N)=1;  % LPF通過域(対称成分)
16  Y=H.*X;  % DFT/IDFTフィルタ処理
17  y=ifft(Y);  % IDFT
18  e=y-xc;  % 誤差信号
19  SNRin=snr(xc,xn); SNRout=snr(xc,e);  % 入出力SN比
20  NF=SNRout/SNRin;  % NF値
21  figure(1)  % 図6.8
22  subplot(2,1,1)
23  plot(n,x,'k-'); hold on; plot(n,xc,'r--');  % 信号表示
24  axis([0,N-1,-2,2]); xlabel('Number of samples'); ylabel('x(n)');
25  legend('Observed signal','Original signal')
26  subplot(2,1,2)
27  plot(nf,Xf./N./N,'k-');  % パワースペクトル表示
28  axis([0,pi,0,0.3]); xlabel('Normalized angular frequency [rad/sec]'); ylabel
    ('|X[k]|^2/N^2')
29  figure(2)  % 図6.9
30  subplot(2,1,1)
31  stem(nf,H,'fil','r:','MarkerSize',3); hold on; plot(nf,H,'b-');  % 振幅スペクト
    ル表示
32  axis([0,2*pi,0,1.2]); xlabel('Normalized angular frequency [rad/sec]'); ylabe
    l('|H[k]|')
33  subplot(2,1,2)
34  plot(n,y,'k-');  % 出力信号表示
35  axis([0,N-1,-2,2]); xlabel('Number of samples'); ylabel('y(n)')
```

　信号長 $N = 80$ なので，周波数刻み幅は $d_f = f_s/(N-1) = 202.53\,[\mathrm{Hz}]$ になります．LPF の通過域端 $f_c = 2\,[\mathrm{kHz}]$ は，正規化角周波数で $\Omega_c = 2\pi f_c/f_s = \pi/4\,[\mathrm{rad/sec}] = 0.785\,[\mathrm{rad/sec}]$，周波数サンプル値番号では $k = (N-1)f_c/f_s + 1 = 10.875 \approx 11$ に対応します．

　プログラム 12 行目では遮断周波数を周波数番号に換算し，13～15 行目は $H[k]$ の通過域と阻止域を指定しています．16 行目では DFT/IDFT を用いたフィルタリングを行い，17 行目では時間領域に戻しています．

　図 6.8 に観測信号と正規化角周波数軸（0～$\pi\,[\mathrm{rad/sec}]$）で表した振幅正規化パワースペクトルを示します．余弦波は雑音の影響により劣化しています．パワース

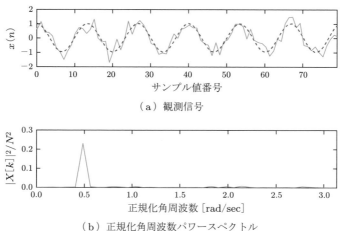

（a）観測信号

（b）正規化角周波数パワースペクトル

図 6.8　観測信号と振幅正規化パワースペクトル

ペクトルのピーク周波数は $f_p = 6d_f = 1215.2\,[\mathrm{Hz}]$ となり（正規化角周波数では $\omega_p = 0.477\,[\mathrm{rad/sec}]$），余弦波周波数とほぼ一致しています．

図 6.9 には通過帯域端を $2\,[\mathrm{kHz}]$（$\pi/4\,[\mathrm{rad/sec}]$）とした LPF の目標の周波数特性 $H[k]$ および DFT/IDFT を用いたフィルタ処理後の出力信号 $y(n)$ を示します．図 6.9(a) の低域通過帯域端は $11d_f = 2227.8\,[\mathrm{Hz}]$（対称な通過帯域端は $f_s - 10d_f = 16000 - 2025.3 = 1397.5\,[\mathrm{Hz}]$）になります．低域通過帯域はゼロ周波数の通過域を含むため，対称な通過帯域より 1 サンプルぶん多い通過域になります．図 6.9(b) の出力信号は，雑音が除去されていますが若干の歪みも生じています．

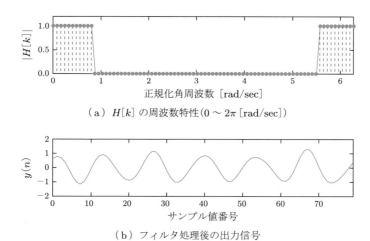

（a）$H[k]$ の周波数特性（$0 \sim 2\pi\,[\mathrm{rad/sec}]$）

（b）フィルタ処理後の出力信号

図 6.9　DFT/IDFT を用いた LPF によるフィルタリング

観測信号の SN 比は $SNR_i = 5.8224$ [dB] で，フィルタ処理後の信号ともとの余弦波との誤差を雑音とみなすと，その SN 比は $SNR_o = 11.9767$ [dB] になります．フィルタリングの前後の SN 比の比は noise figure（NF）とよばれていますが，$NF = SNR_o/SNR_i = 2.06$ となり，フィルタリングにより SN 比が改善されたことがわかります．

● **note　DFT/IDFT を用いたフィルタの直接たたみ込み和** ────

図 6.9 の特性は，周波数サンプル点では理想的な値となります．$H[k]$ の IDFT により有限長のインパルス応答を求め，周波数特性を表示してみます．

図 6.10 はインパルス応答信号，図 6.11 は周波数特性（振幅・位相特性，群遅延特性）です．比較的良好な通過域と阻止域特性が得られていますが，位相特性の傾きは大きく，処理遅延（群遅延量）が多いことがわかります．

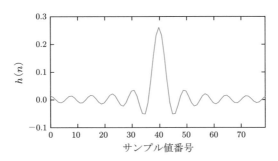

図 6.10　DFT/IDFT を用いた LPF のインパルス応答

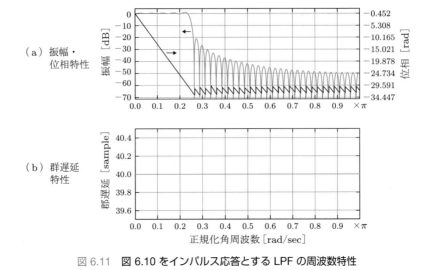

図 6.11　図 6.10 をインパルス応答とする LPF の周波数特性

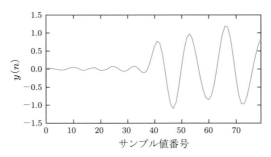

図 6.12　**図 6.10 のインパルス応答によるたたみ込み演算の出力信号**

　この LPF のインパルス応答と観測信号のたたみ込み和を行った出力信号を図 6.12 に示します．振幅は歪み約 40 [sample] の過渡応答を含む遅延が生じ，後半ではほぼ高周波雑音が除去されています．

　たたみ込み和によって出力信号を求める処理は時間領域フィルタといいます．逐次時間的に信号値を計算し出力しますが，一般に所定の出力信号が現れるまでにはフィルタ長に応じた処理遅延を伴います．一方，DFT/IDFT を用いたフィルタは DFT のサイズで一括変換処理をしてから実行するので，出力信号を得るまでの処理遅延量は大きいことになります．

6.2.2　逆フーリエ変換を用いた LPF

　図 6.10 の例では，所望周波数特性を IDFT することでインパルス応答を得ています．本項では，より一般的に通過域端，処理遅延量およびインパルス応答長を LPF の仕様として与えたとき，所定のインパルス応答を解析的に求める方法について示します．

　通過域端 Ω_c [rad/sec]，処理遅延量 n_0 およびインパルス応答長 N（奇数）が指定されると，LPF の周波数特性は次式で表されます．

$$H[k] = \begin{cases} e^{-j\Omega_c n_0}, & |k| \leq \Omega_c \\ 0, & |k| > \Omega_c \end{cases}, \quad k = 0, 1, \cdots, N-1 \tag{6.12}$$

したがって，逆フーリエ変換を利用すると，LPF のインパルス応答は次式のように表されます．

$$h(n) = \frac{\sin\{\Omega_c(n - n_0)\}}{\pi(n - n_0)}, \quad n = 0, 1, \cdots, N-1 \tag{6.13}$$

実習 6.3 低遅延 LPF のインパルス応答を解析的に求めてみよう

　　式 (6.13) を適用して処理遅延の少ない LPF のインパルス応答を求め，周波数特性を表示しなさい．ただし，$N = 81$, $\Omega_c = \pi/4$, $n_0 = 20$ とします．

プログラム 6.3

```
1  N=80;  % フィルタ次数(インパルス応答長81)
2  Wcr=1/4;  % 遮断周波数の比率×π
3  md=N/4;  % 遅延量20
4  m=0:1:N;  % サンプル値番号
5  h=Wcr*sinc(Wcr*(m-md));  % インパルス応答
6  figure(1)  % 図6.13(a)
7  plot(h,'k-');  % インパルス応答表示
8  axis([1,N,-0.1,0.3]); xlabel('Number of samples'); ylabel('h(n)');
9  figure(2)  % 図6.13(b)(c)
10 freqz(h)  % 周波数特性表示
```

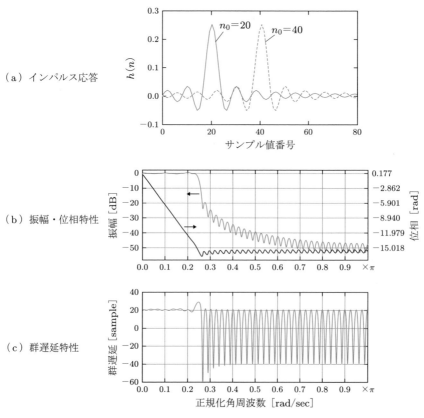

（a）インパルス応答

（b）振幅・位相特性

（c）群遅延特性

図 6.13　逆フーリエ変換により設計した LPF（$\Omega_c = \pi/4$）

　プログラム5行目では，sinc関数† を用いて，式 (6.13) のインパルス応答値を求めています.

　図 6.13 にインパルス応答と周波数特性を示します．図 (a) において $n_0 = 40$ としたときのインパルス応答は，偶対称な形状となり正確な線形位相特性になりますが，$n_0 = 20$ としたインパルス応答は，主要部が前方にあり対称性は保たれていません．位相特性の傾きは小さいため処理遅延（群遅延量）は少なくなりますが，振幅誤差は通過域と阻止域全域にわたっています.

　図 6.14 に実習 6.2 の観測信号のたたみ込み和の出力信号を示します．図 6.12 と比べて遅延量は小さいことが確認できます.

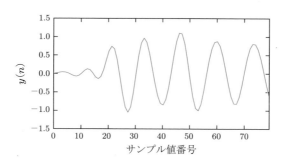

図 6.14　図 6.13 のインパルス応答によるたたみ込み演算の出力信号

　式 (6.13) を用いることで簡易的に LPF のインパルス応答を求められますが，周波数特性は十分とはいえません．所望の周波数特性を満たすインパルス応答を求めることはフィルタの設計問題といいます．フィルタ設計については次章で説明します.

演習問題

6.1 アナログ信号（周波数 1200 [Hz] の余弦波）に白色雑音が付加された観測信号を，サンプリング周波数 16 [kHz] でサンプリングしたディジタル信号を BPF により処理します．このとき，以下の問いに答えなさい.

　(1) 観測信号の振幅正規化パワースペクトルを表示しなさい．また，特性からピーク周波数を求めなさい.

　(2) ピーク周波数のみを通過域とする BPF で観測信号を処理した出力信号を表示しなさい.

---

†　sinc 関数は，次式で定義されます.

$$\mathrm{sinc(n)} = \begin{cases} \dfrac{\sin \pi n}{\pi n}, & n \neq 0 \\ 1, & n = 0 \end{cases}$$

(3) 次式（LPF インパルス応答の余弦波変調信号）を用いて，ピーク周波数を中心周波数 Ω_p [rad/sec]，帯域幅 $2\Omega_c$ [rad/sec] とする BPF のインパルス応答を求めなさい．また，周波数特性を表示しなさい．

$$h(n) = \cos\{\Omega_p(n - n_0)\}\frac{\sin\{\Omega_c(n - n_0)\}}{\pi(n - n_0)}, \quad n = 0, 1, \cdots, N - 1$$

(4) 設問 (3) の BPF で観測信号を処理した出力信号を表示しなさい．

6.2 次式のアナログ信号（時間区間：$0 \le t < 0.04$ [sec]）を間隔 125 [μsec] でサンプリングし，問図 6.1 に示す正規化したディジタル信号 $x(n)$, $n = 0, 1, \cdots, N - 1$ ($N = 320$) および時間反転信号 $x_r(n) = x(N - n)$ の相互相関関数を xcorr 関数を用いて求め，表示しなさい．

$$x(t) = \begin{cases} |\sin 400\pi t|, & 0.01 < t \le 0.02 \\ 0, & その他 \end{cases}$$

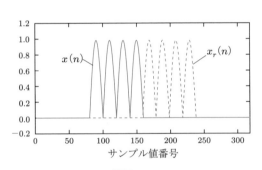

問図 6.1

6.3 信号 $s(n)$ と雑音 $w(n)$ の混合信号 $x(n) = s(n) + \alpha w(n)$ （α：雑音係数）が所望の SN 比になるように係数を定め，観測信号として出力します．このとき，以下の問いに答えなさい．ただし，信号と雑音の平均電力を P_s および P_w と表します．

(1) 係数 α を SN 比，P_s および P_w を用いて表しなさい．

(2) $P_s = P_w$ のとき，SN 比と係数値の関係をグラフ表示しなさい．

(3) 所望の SN 比，信号 $s(n)$，雑音 $w(n)$ を入力引数とし，所定の SN 比の観測信号，信号，雑音，係数値を戻り値とする関数 m-ファイル[†] を作成しなさい．

(4) 所定の SN 比の観測信号を生成して表示しなさい．

[†] MATLAB のプログラムファイルには，スクリプトと関数があります．本文ではスクリプトファイルとしていますが，ユーザーが入力引数と戻り値を用いた関数を定義して利用することができます．ユーザーが名称を付けて作成した関数 m-ファイルは，主プログラムと同じフォルダ内に置いて使用します．

7章 ディジタルフィルタの設計

仕様を満たすフィルタを設計してみよう

　前章では，白色雑音の中から正弦波を抽出する周波数選択性フィルタの動作について学びました．ディジタルフィルタの性能は，インパルス応答の特性に左右され，その形態に応じて 2 種類に大別されます．

　本章では，周波数成分の分離など，一般的な仕様を正確に満たすディジタルフィルタの設計について学びます．

7.1　FIR/IIR システム

　まず，有限長のインパルス応答および無限長のインパルス応答のディジタルシステムについて説明します．

7.1.1　FIR フィルタ

　因果性を満たすフィルタ† を用いたたたみ込み和は

$$y(n) = \sum_{k=0}^{+\infty} h(k)x(n-k) \tag{7.1}$$

と表されます．式 (7.1) のインパルス応答 $h(n)$ が無限の長さをもつとき，IIR (infinite impulse response) システム（または IIR フィルタ）とよばれています．

　一方，インパルス応答の信号長が $h(n), n = 0, 1, \cdots, N-1$ のように有限長 N であるとすると，たたみ込み和は

$$y(n) = \sum_{k=0}^{N-1} h(k)x(n-k) \tag{7.2}$$

と有限和で表されます．このような有限なインパルス応答長の信号処理システムは，FIR (finite impulse response) システム（または FIR フィルタ）とよばれています．

　$b_k = h(k), M = N-1$ とおくと，式 (7.2) は，

---

† 因果性をもつディジタルフィルタのインパルス応答は，$h(n) = 0, n < 0$ を満たします．

$$y(n) = \sum_{k=0}^{M} b_k x(n-k) = b_0 x(n) + b_1 x(n-1) + \cdots + b_M x(n-M) \qquad (7.3)$$

と表されます（式 (6.10) と類似していることに注意します）.

　式 (7.3) は，入力信号 $x(n)$ を遅延させた過去の信号値 $x(n-k)$ に係数 b_k を乗算し，すべてを足し合わせて出力する積和演算の差分方程式を表します.

　式 (7.3) より，FIR システムによる時刻 n での出力信号 $y(n)$ は，図 7.1 の例のようにレジスタ（メモリ）を用いて表され，クロックと同期して信号が順次入力され移動しますが，そのつど信号値が出力されます.

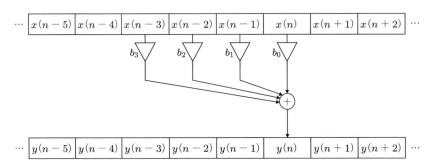

図 7.1　有限インパルス応答長のたたみ込み和の実現（$M = 3$）

7.1.2　IIR フィルタ

　IIR システムの無限長のインパルス応答は，出力信号が入力側へ戻るフィードバック構造で実現することができます.図 7.2 に，二つの FIR システムをネガティブフィードバックで接続した IIR システムを示します.

　図より，出力信号は

$$y(n) = y_1(n) - y_2(n) = h_1(n) * x(n) - h_2(n) * y(n) \qquad (7.4)$$

と表されます. $y_2(n)$ は $h_2(n)$ と $y(n)$ とのたたみ込み和なので，

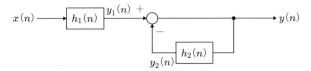

図 7.2　二つの FIR システムのフィードバック接続

$$y_2(n) = \sum_{k=0}^{N} a_k y(n-k)$$

$$= a_1 y(n-1) + a_2 y(n-2) + \cdots + a_N x(n-N), \quad a_0 = 0 \tag{7.5}$$

の差分方程式で表され, 式 (7.3) を用いるとシステム全体の差分方程式は,

$$y(n) = y_1(n) - y_2(n)$$

$$= b_0 x(n) + b_1 x(n-1) + \cdots + b_M x(n-M)$$

$$- a_1 y(n-1) - a_2 y(n-2) - \cdots - a_N y(n-N) \tag{7.6}$$

と表すことができます.

　図 7.3 に, 式 (7.6) で表される IIR システムの時刻 n での出力信号 $y(n)$ の実現例
を示します. 図中, 青線はシステム $h_2(n)$ のフィードバックに由来します. IIR シス
テムでは, 出力信号の過去値を入力信号へフィードバックする構造をもっているた
め, インパルス応答が原理上は無限に出力されます.

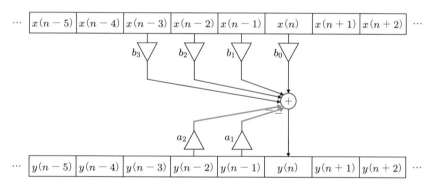

図 7.3　無限インパルス応答長のたたみ込み和の実現（$M = 3, N = 2$）

7.1.3　z 変換を用いたフィルタの解析

　IIR フィルタは, システム内に信号が巡回するループが存在するため, 信号値が継
続的に増大しないようインパルス応答値を設計する必要があります. 出力信号が増大
する現象は発散といい, 不安定なシステムになります.

　フィルタの安定性を解析するために z 変換を利用します. 式 (6.3) の入力信号 $x(n)$
とインパルス応答 $h(n)$ とのたたみ込み和 $y(n)$ の z 変換は, 次式のように表され
ます.

$$Y(z) = H(z)X(z) \tag{7.7}$$

インパルス応答の z 変換における $H(z)$ は伝達関数といい,

$$H(z) = \frac{Y(z)}{X(z)} \tag{7.8}$$

の関係が成り立ちます.

● **note** z **変換**

　因果性を満たす信号を $x(n)$ としたとき, z 変換および逆 z 変換は

$$X(z) = \sum_{n=0}^{+\infty} x(n)z^{-n}, \quad z：複素変数 \tag{7.9}$$

$$x(n) = \frac{1}{2\pi j} \oint_C X(z)z^{n-1}\mathrm{d}z \tag{7.10}$$

と表されます. ここで, 式 (7.10) の C は, 極を含む複素平面の閉曲積分路を表します. 逆 z 変換が複素関数の積分で求められるためには, 式 (7.9) の収束領域を考慮する必要があります.

　代表的な信号の z 変換を, 表 7.1 に示します (収束領域は省略).

表 7.1　**因果性を満たす信号の z 変換例**

信　号	$x(n)$	$X(z)$
(a) 単位インパルス信号	$\delta(n)$	1
(b) 単位ステップ信号	$u(n)$	$\dfrac{1}{1 - z^{-1}}$
(c) 指数信号	a^n	$\dfrac{1}{1 - az^{-1}}$
(d) 余弦波	$\cos\Omega n$	$\dfrac{1 - z^{-1}\cos\Omega}{1 - 2z^{-1}\cos\Omega + z^{-2}}$
(e) 正弦波	$\sin\Omega n$	$\dfrac{z^{-1}\sin\Omega}{1 - 2z^{-1}\cos\Omega + z^{-2}}$
(f) k 遅延信号	$x(n-k)$	$z^{-k}X(z)$

　式 (7.3) の FIR フィルタの差分方程式の両辺を z 変換すると,

$$Y(z) = (b_0 + b_1 z^{-1} + b_2 z^{-2} + \cdots + b_M z^{-M})X(z) \tag{7.11}$$

となり, FIR フィルタの伝達関数は,

$$H(z) = b_M z^{-M} + b_{M-1} z^{-(M-1)} + \cdots + b_1 z^{-1} + b_0 \tag{7.12}$$

と表されます. z^{-1} の多項式の最高べき数 M を次数といいます.

　一方, 式 (7.6) の IIR フィルタの差分方程式の両辺を z 変換すると,

$$Y(z) = (b_0 + b_1 z^{-1} + b_2 z^{-2} + \cdots + b_M z^{-M})X(z)$$

$$-(a_1 z^{-1} + a_2 z^{-2} + \cdots + a_N z^{-N})Y(z) \tag{7.13}$$

となり，IIR フィルタの伝達関数は，

$$H(z) = \frac{b_M z^{-M} + b_{M-1}z^{-(M-1)} + \cdots + b_1 z^{-1} + b_0}{a_N z^{-N} + a_{N-1}z^{-(N-1)} + \cdots + a_1 z^{-1} + 1} \tag{7.14}$$

のように有理関数として表されます．IIR フィルタでは，分母と分子の z^{-1} の多項式の最高べき数の高いほうを次数とします．

　フィルタの伝達関数において，$H(z) = 0$ の解を零点（ぜろてん），$H(z) = \infty$ の解を極（きょく）（特異点）といいます．式 (7.12) の伝達関数の分母分子に z^M を乗じると，FIR フィルタは $z = 0$ に M 個の多重零点があることがわかります．IIR フィルタは，分母がゼロとなる解は極になります．IIR フィルタが安定であるためには，極が複素平面の単位円の内側にあることが条件となります．

● **note　フィルタの安定性** ─────────

　安定なフィルタでは，インパルス応答の振幅値は発散することはありません．振幅が有界な入力信号に対して，出力信号の振幅も有界なフィルタは安定といい，$\sum_{n=-\infty}^{+\infty} |h(n)| < \infty$ を満たすことが必要十分条件になります．

　FIR フィルタのインパルス応答長は有限なので，つねに安定なフィルタになります．IIR フィルタは，伝達関数を用いてフィルタの安定性を判定することになります．式 (7.14) の IIR フィルタの伝達関数（$N > M$）を部分分数に展開すると，

$$H(z) = \frac{b_M z^{-M} + b_{M-1}z^{-(M-1)} + \cdots + b_1 z^{-1} + b_0}{(1 - p_1 z^{-1})(1 - p_2 z^{-1}) \cdots (1 - p_N z^{-1})}$$

$$= \frac{c_1}{1 - p_1 z^{-1}} + \frac{c_2}{1 - p_2 z^{-1}} + \cdots + \frac{c_N}{1 - p_N z^{-1}} \tag{7.15}$$

$$c_k = (1 - p_k z^{-1})H(z)\big|_{z=p_k}, \quad k = 1, 2, \cdots, N \tag{7.16}$$

と表され，表 7.1 よりインパルス応答は

$$h(n) = \sum_{k=1}^{N} c_k p_k^n \tag{7.17}$$

と表されます．分母多項式の解（極）である p_k が $|p_k| < 1$ を満たすと，すべてのインパルス応答はゼロに収束し，発散はしないため安定なフィルタになります．

実習 7.1　IIR フィルタの伝達関数を解析してみよう

　次式の IIR フィルタの零点と極を求め，複素平面上に図示しなさい．

$$H(z) = \frac{0.217z^{-3} + 0.310z^{-2} + 0.310z^{-1} + 0.217}{-0.341z^{-3} + 0.866z^{-2} - 0.471z^{-1} + 1} \tag{7.18}$$

プログラム 7.1

```
1  b=[0.217 0.310 0.310 0.217];  % 分子多項式係数
2  a=[1 -0.471 0.866 -0.341];  % 分母多項式係数
3  fvtool(b,a);  % 特性表示
```

伝達関数の分子と分母の多項式の係数を fvtool 関数に入力し，極-零点プロット
を実行すると図 7.4 のように表示されます†．極は単位円の内側にあるため，安定な
フィルタになります．

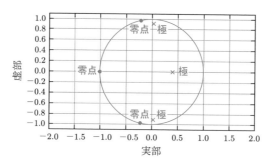

図 7.4　IIR フィルタの零点と極の配置

7.1.4　フィルタの構成

ディジタルフィルタは，構造上の違いからも，式 (7.12) の伝達関数の FIR フィル
タと，式 (7.14) の伝達関数の IIR フィルタのように分類することができます．
式 (7.14) の伝達関数は，

$$H(z) = H_1(z)H_2(z) \tag{7.19}$$

$$H_1(z) = b_M z^{-M} + b_{M-1} z^{-(M-1)} + \cdots + b_1 z^{-1} + b_0 \tag{7.20}$$

$$H_2(z) = \frac{1}{a_N z^{-N} + a_{N-1} z^{-(N-1)} + \cdots + a_1 z^{-1} + 1} \tag{7.21}$$

のように二つの伝達関数の積で表せます．IIR フィルタは，式 (7.20) の FIR フィル
タと，式 (7.21) の分子が 1 の IIR フィルタの，縦続接続で実現できることがわかり
ます．また，IIR フィルタは，式 (7.15) のように複数の IIR フィルタの伝達関数の和
で表せるので，並列接続で実現することも可能です．
フィルタを設計後，実現する際には様々な構成法があります．安定なフィルタであ

---

† roots 関数を用いて多項式方程式の解を求め，zplane 関数を用いて複素平面に極を表示することがで
きます（p=roots(b); zplane(p)）．

れば複数のフィルタを用いて構成しても安定になりますが，係数量子化[†] などの影響
も考慮する必要があります．

● **note　フィルタの接続**

　　複数のフィルタ（FIR/IIR フィルタ）を組み合わせると様々なシステムが構成でき
ます．図 7.5 に，接続の基本形である二つのフィルタの縦続接続（直列接続）および並
列接続を示します．

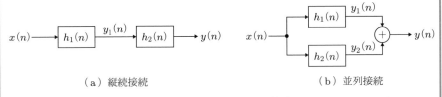

（a）縦続接続　　　　　　　　　　　　　（b）並列接続

図 7.5　**二つのフィルタの接続**

　　各フィルタのインパルス応答を $h_1(n)$ および $h_2(n)$ と表すと，縦続フィルタのイン
パルス応答および伝達関数は，

$$h(n) = h_2(n) * h_1(n) \tag{7.22}$$

$$H(z) = H_2(z)H_1(z) \tag{7.23}$$

と表されます．
　　また，並列フィルタのインパルス応答および伝達関数は，

$$h(n) = h_1(n) + h_2(n) \tag{7.24}$$

$$H(z) = H_1(z) + H_2(z) \tag{7.25}$$

と表されます．
　　処理効率の観点では，縦続接続では各システムの処理遅延が加算されますが，並列接
続は同時刻に複数のシステムが動作できるため高い処理効率になります．

7.2　ディジタルフィルタの特性近似

　　たたみ込み演算を実行するディジタルフィルタは，フィルタを表す伝達関数の係数
値により様々なフィルタリングを実現できます．しかし，フィルタ特性と係数値の関
係は複雑です．本節では，所望のフィルタ特性を近似する係数を求める設計問題につ

[†] 式 (7.18) の伝達関数の多項式の係数は，ディジタル信号と同じく量子化して扱われます．量子化の誤差
によっては極の配置に影響を与えます．

いて説明します.

7.2.1　フィルタの周波数特性

前節では，FIR および IIR のディジタルフィルタが，伝達関数として表されること
を説明しました. 本項では，周波数特性との関係について説明します.

式 (7.12) および式 (7.14) の伝達関数で表されたフィルタの周波数特性は，離散
時間フーリエ変換[†] を用いて $H[k] = H(z)|_{z=e^{j2\pi k/M}}$ のように DFT として表され
ます. つまり，周波数特性は伝達関数の分母と分子の多項式の係数値により定まり
ます.

周波数特性に関しても，FIR フィルタと IIR フィルタには相違があります. おの
おのの特徴を表 7.2 に示します.

表 7.2　FIR フィルタと IIR フィルタの特徴

	FIR フィルタ	IIR フィルタ
振幅特性	近似的に全域通過特性が実現可能（遅延器は除く）	正確な全域通過特性が実現可能
位相特性	正確な線形位相（直線位相）特性が実現可能	近似的に線形位相特性が実現可能
次数	急峻な特性（狭い遷移域）を実現するためには高次数となり，処理の遅延が大きい	急峻な特性（狭い遷移域）を比較的低次数で実現できるため乗算器が少なく，演算効率が高い
安定性	有限語長で実現した場合にも安定性が保証され，リミットサイクルが生じない構造	フィードバック構造のため安定性に対する配慮が必要

7.2.2　フィルタ設計の手順

本項では，所望の周波数特性に関する条件を満たすフィルタの設計方法について，
LPF の例を基に説明します. フィルタの周波数特性の近似は，図 7.6 の青線で示す
所望特性 $H_D[k]$ を近似するように伝達関数 $H[k]$ の係数を求めることになります. こ
れをディジタルフィルタの係数設計とよぶことにします.

通常，ディジタルフィルタの周波数特性の仕様は，遮断周波数 Ω_c，通過域端周波数
Ω_p，阻止域端周波数 Ω_{sp}，通過域条件（通過帯域数，リップル幅，平坦性など），阻止
域条件（減衰量など）を指定します. 遮断周波数は，通過域振幅の大きさが $1/\sqrt{2}$（電

[†] 因果性を満たすフィルタのインパルス応答の離散時間フーリエ変換は $H(\Omega) = \sum_{n=-\infty}^{+\infty} h(n)e^{-j\Omega n} = \sum_{n=0}^{+\infty} h(n)e^{-j\Omega n}$ になりますが，単位円上の $\Omega = [0, 2\pi]$ での M 個の等間隔点での周波数値は，$H[k] = \sum_{n=0}^{M-1} h(n)e^{-j2\pi kn/M}$ のように DFT として表すことができます.

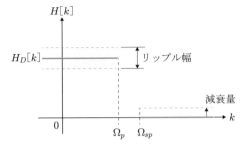

図 7.6 ディジタルフィルタ特性の仕様（LPF）

力振幅値の大きさが $1/2$）になる周波数と定義されていますが，$\Omega_c \approx (\Omega_p + \Omega_{sp})/2$ とすることもあります.

仕様を満たすために，所望特性との誤差を評価する誤差関数を準備します．たとえば，次式で表される評価関数 e を最小化する伝達関数の係数を求めます．

$$e = \sum_{k=0}^{N-1} |W[k](H_D[k] - H[k])|^p \tag{7.26}$$

上式において，$W[k]$ は評価範囲の重要度を規定する重み関数です．$W[k] = 1$ では，すべての周波数で一様に誤差を扱います．しかし，通過域の誤差を小さくしたい場合などは，通過域での重み関数値を大きく与えます．また，パラメータ p を調整す

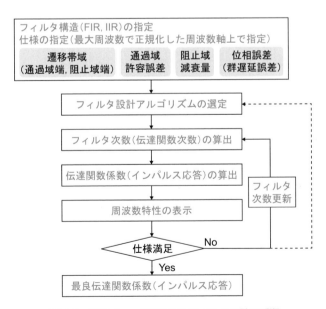

図 7.7 コンピュータを用いたフィルタ設計の手順

ることでリップルや減衰量を調整することができます.

　フィルタ設計手順は,おおまかには図 7.7 のようにまとめられます.まず,フィルタの構造を決め,図 7.6 を基に周波数特性上の仕様を指定します.代表的な特性目標は,急峻な遷移帯域をもつ周波数選択性が優れた特性,不要な成分を十分に除去する阻止域減衰量が大きな特性や,処理遅延量が少なく歪みが小さい特性になります.

　次に,フィルタの係数設計アルゴリズムを選びます.多数の設計法が用意されていますが,それぞれ,周波数仕様に対してどのように設計パラメータで調整できるかなどの特徴があります.そのほかにも,インパルス応答長が奇数か偶数かで特性上の制約があり注意します.

　フィルタ次数を定め,適当な係数設計を実行します.周波数特性を求め,仕様を満たしているか確認することで設計は終了します.特性に影響を与えるフィルタ次数を増減したり,設計方法を変更することで特性改善は行えます.

> **● note　フィルタの周波数特性**
>
> 　MATLAB では,遮断周波数等の値は,最大周波数を基準として 1 に正規化し指定します.伝達関数(インパルス応答)を求める係数設計の関数が多数用意されています.FIR フィルタでは,窓関数を用いた方法(`fir1`),最小二乗法(`firls`),等リップル法(`firpm`)や複素係数も可能な方法(`cfirpm`)などがあります.IIR フィルタでは,通過域と阻止域の誤差特性によってバターワース(`butter`),チェビシェフ I 型(`cheby1`),チェビシェフ II 型(`cheby2`)や楕円(`ellip`)のフィルタなどがあります.IIR フィルタを最小二乗法等で係数設計するときは,安定性条件を満たしているかの配慮が必要になります.
>
> 　一般に,フィルタ次数が高いとフィルタ係数は多くなります.高次数フィルタは処理遅延が大きい反面,任意の特性が実現しやすい傾向があります.次数を固定した場合,遷移帯域幅が広いと通過域誤差は小さく,阻止域減衰量を大きくとれます.遷移帯域幅を固定した場合,通過域誤差を小さくすると阻止域減衰量は小さくなり,通過域誤差が大きくなると阻止域減衰量は大きくなる傾向があります.

7.3　ディジタルフィルタの係数設計

　本節では,周波数領域で所定の仕様を与え,実際にディジタルフィルタを設計し,検証することにします.

7.3.1　FIR フィルタの設計例

　所望の FIR-LPF を設計してみよう

　通過域端周波数 $\Omega_p = 0.45\,[\text{rad/sec}]$，阻止域端周波数 $\Omega_{sp} = 0.55\,[\text{rad/sec}]$，リップル幅 0.01，減衰量 0.01 を満たす，等リップル誤差特性の FIR-LPF を設計し，周波数特性を表示しなさい．

プログラム 7.2

```
1  N=20;  % フィルタ次数(インパルス応答長=N+1)
2  f=[0 0.45 0.55 1];  % 帯域端
3  A=[1 1 0 0];  % 目標帯域特性
4  w=[1 1];  % 重み関数
5  [h,err]=firpm(N,f,A,w);  % フィルタ設計
6  [No,fo,Ao,wo]=firpmord([0.45 0.55],[1 0],[0.01 0.01],2);  % 次数推定
7  [ho,erro]=firpm(No,fo,Ao,wo);  % 最適フィルタ設計
8  fvtool(h,1,ho,1); grid off  % 周波数特性表示
```

　$N = 20$ として，`firpm` 関数を用いて設計した周波数特性を図 7.8 に実線で示します．周波数仕様に関する値を `firpm` 関数に入力すると，インパルス応答が求められます．図 (a) は振幅特性，図 (b) は位相特性になります．

　位相特性が正確に直線になる FIR フィルタは線形位相フィルタといいます．遮断周波数が最大周波数の半分（ハーフバンド LPF）の等リップル誤差の特性になっていますが，最大リップル幅は 0.07 になり仕様を満たしていません．そのため次数を増やして設計します．周波数仕様を基に，`firpmord` 関数を用いて次数推定を行って

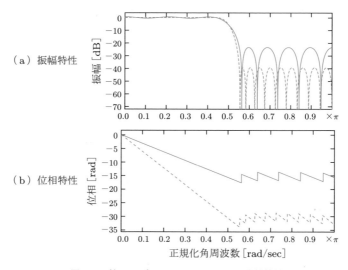

（a）振幅特性

（b）位相特性

正規化角周波数 [rad/sec]

図 7.8　等リップル FIR フィルタの周波数特性

設計した最適フィルタの周波数特性を，図 7.8 に重ねて破線で表示します．次数は $N = 39$ となり，最大リップル幅および減衰量は 0.01 の特性が表示され，仕様を満たしています．

$N = 20$ の FIR フィルタの遷移帯域幅を，0.1，0.2，0.3 [rad/sec] と指定したときの振幅特性を図 7.9 に示します．図 (a) は阻止域，図 (b) は通過域の拡大図です．図より，遷移帯域幅が狭いと減衰量は小さく，通過域リップル量も大きいことがわかります．反対に，遷移帯域幅が広ければ，減衰が大きく通過域リップルも小さい特性が

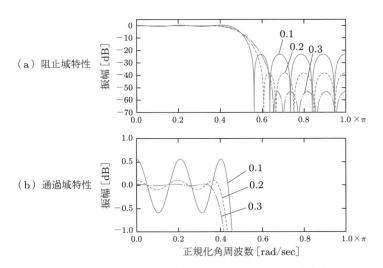

図 7.9　遷移帯域幅が異なる等リップル FIR フィルタの振幅特性

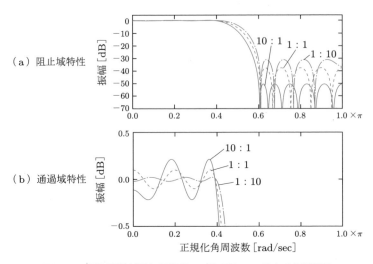

図 7.10　重み関数が異なる等リップル FIR フィルタの振幅特性

実現できます．このように，特性に自由度がある遷移帯域幅を活用することで誤差分布が変わり，周波数特性が改善できます．

　また，重み関数の効果を調べるために，次数，遮断周波数および遷移帯域幅（0.2）を固定して設計した振幅特性を図 7.10 に示します．阻止域と通過域の重み関数を，10 : 1，1 : 10，1 : 1 と与えています．図より，通過帯域の重みを大きく設計すると通過帯域での誤差は小さくなり，反対に阻止域での誤差は大きくなります．また，阻止域の重みを大きく設計すると，減衰量は大きくなりますが，通過域リップル量も大きくなります．このように，重み関数を設定して誤差分布を調整することでも，特性改善を行うことができます．

7.3.2　IIR フィルタの設計例

実習 7.3　所望の IIR-LPF を設計してみよう

　代表的な 4 種類の IIR ハーフバンド LPF（バターワース，チェビシェフ I 型，チェビシェフ II 型，楕円）の設計を行い，周波数特性を比較しなさい．ただし，サンプリング周波数 8 [kHz]，通過域端 1.9 [kHz]，阻止域端 2.1 [kHz] とし，通過域リップルを 1 [dB]，阻止域減衰量を 60 [dB] とします．

プログラム 7.3

```
1  Fs=8000;   % サンプリング周波数
2  Fp=1900; Fst=2100;   % 通過域端,阻止域端周波数
3  Ap=1; Ast=60;   % 通過域リップル(dB),阻止域減衰量(dB)
4  dbutter=designfilt('lowpassiir','PassbandFrequency',Fp,'StopbandFrequency',
   Fst,'PassbandRipple',Ap,'StopbandAttenuation',Ast,'SampleRate',Fs,'
   DesignMethod','butter');   % バターワースフィルタ設計
5  dcheby1=designfilt('lowpassiir','PassbandFrequency',Fp,'StopbandFrequency',
   Fst,'PassbandRipple',Ap,'StopbandAttenuation',Ast,'SampleRate',Fs,'
   DesignMethod','cheby1');   % チェビシェフI型フィルタ設計
6  dcheby2=designfilt('lowpassiir','PassbandFrequency',Fp,'StopbandFrequency',
   Fst,'PassbandRipple',Ap,'StopbandAttenuation',Ast,'SampleRate',Fs,'
   DesignMethod','cheby2');   % チェビシェフII型フィルタ設計
7  dellip=designfilt('lowpassiir','PassbandFrequency',Fp,'StopbandFrequency',Fst
   ,'PassbandRipple',Ap,'StopbandAttenuation',Ast,'SampleRate',Fs,'DesignMethod
   ','ellip');   % 楕円フィルタ設計
8  FilterOrders=[filtord(dbutter) filtord(dcheby1) filtord(dcheby2) filtord(
   dellip)];   % フィルタ次数
9  hfvt=fvtool(dbutter,dcheby1,dcheby2,dellip);   % 特性表示
10 legend(hfvt,'Butterworth','Chebyshev Type I','Chebyshev Type II','Elliptic')
```

　IIR フィルタの次数は，49（バターワース），15（チェビシェフ）および 8（楕円）になります．図 7.11 に振幅特性および図 7.12 に群遅延特性（位相特性を周波数軸

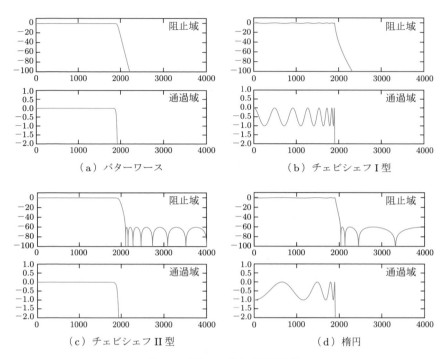

図 7.11　IIR フィルタの振幅特性
縦軸：振幅 [dB]，横軸：周波数 [Hz]

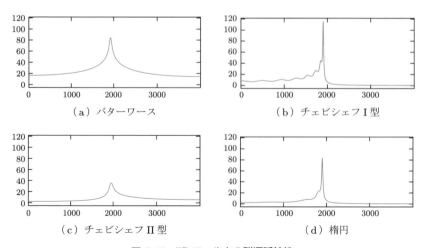

図 7.12　IIR フィルタの群遅延特性
縦軸：群遅延 [sample]，横軸：周波数 [Hz]

で微分して負符号をつけた特性）を示し，特徴を比較します．IIR フィルタ設計には `designfilt` 関数を，フィルタ次数の推定には `filtord` 関数を用いています．いずれも周波数仕様を関数に入力すると，周波数特性を満たす伝達関数の係数を求められることがわかります．

　バターワースフィルタは 0 [Hz] および 4 [kHz] で最大平坦な特性ですが，フィルタ次数が高く，遅延量は大きくなっています．チェビシェフ I 型フィルタは通過域で等リップル，阻止域で最大平坦な特性，チェビシェフ II 型フィルタは反対に通過域で最大平坦，阻止域で等リップルな特性となっています．バターワースフィルタと比べてリップル特性は誤差が大きく，フィルタ次数は低くなっています．チェビシェフ II 型のほうが I 型と比べ，通過域での遅延量は少ないことがわかります．楕円フィルタは遷移帯域を除く全帯域で等リップル特性になっていますが，遷移帯域幅は最も狭く急峻になっています．遅延量も少なく，フィルタ次数は最も低くなっています．

演習問題

7.1 次式の IIR フィルタの周波数特性を表示しなさい．零点と極を複素平面上に図示し，安定性を判定しなさい．また，インパルス応答を表示しなさい．

$$H(z) = \frac{0.212z^{-4} + 0.238z^{-3} + 0.449z^{-2} + 0.238z^{-1} + 0.212}{z^{-4} - 0.53z^{-3} + 1.461z^{-2} - 0.498z^{-1} + 0.475}$$

7.2 フィルタ長が奇数の線形位相 N-th バンド FIR 形の低域通過フィルタ（$N = 2, 3, 4, 5$）を設計し，以下の問いに答えなさい．N-th バンドフィルタは，正規化角周波数軸上で π/N [rad/sec] を通過帯域幅とします．

　(1) インパルス応答を表示し，特徴を述べなさい．

　(2) 正規化角周波数上に振幅特性を表示しなさい．

7.3 サンプリング周波数を 4 [kHz] としたとき，周波数帯域を 2 分割するハーフバンド IIR 形の LPF と HPF を設計し，振幅特性を表示しなさい．通過域および阻止域の特性は適宜指定しなさい．設計したフィルタのインパルス応答および零点と極配置を示しなさい．

7.4 サンプリング周波数を 8 [kHz] としたとき，通過域の中心を 1.6 [kHz]，帯域幅を 800 [Hz] とする線形位相 FIR 形の帯域通過フィルタ（BPF）を設計しなさい．また，同様の周波数帯が阻止域となる線形位相 IIR 形の狭帯域阻止フィルタ（BSF）を設計しなさい．

章 # フィルタによる信号処理

● フィルタリングの効果を見てみよう

本章では，ディジタルフィルタを実際に設計し，各種の信号処理を行います．周波数選択性フィルタや時間領域に着目したフィルタリングを実践して，その結果を確認します．様々なフィルタを設計し，シミュレーションにより理解を深めていきます．

8.1 周波数選択性フィルタリング

高周波成分を除去したり，特定の帯域成分を通過させたりするフィルタは周波数選択性フィルタといいます．周波数選択性フィルタは色々なところで用いられます．本節では，周波数選択特性に着目したフィルタリングを行います．

実習 8.1 周波数選択性フィルタを設計してみよう

正規化遮断角周波数 $\pi/2$ [rad/sec] の以下のフィルタを設計し，混合余弦波（周波数は 800 [Hz] と 3100 [Hz]）から低周波数の余弦波を分離する LPF による信号処理を行って，入出力信号を表示しなさい．ただし，サンプリング周波数は 8 [kHz] とします．

(1) FIR フィルタ：次数 42 のハミング窓を用いたフィルタ（fir1 関数）
(2) IIR フィルタ：次数 20 のバターワースフィルタ（butter 関数）

プログラム 8.1

```
1  Fs=8000; Ts=1/Fs;  % サンプリング周波数と間隔
2  t=0:Ts:0.1;  % サンプリング間隔の時間軸(表示範囲)
3  n=0:1:length(t)-1;  % サンプル番号の時間軸
4  x=cos(2*pi*800*t)+cos(2*pi*3100*t);  % 混合アナログ信号
5  figure(1)  % 図8.1(a)
6  plot(t,x);  % 混合アナログ信号
7  axis([0,0.02,-2.2,2.2]); xlabel('Time [sec]'); ylabel('x(t)')
8  figure(2)  % 図8.1(b)
9  h=fir1(42,0.5);  % FIRフィルタの設計
10 yfir=filter(h,1,x);  % FIRフィルタリング
11 plot(n,yfir,'k-');  % FIR処理後信号
12 axis([0,160,-1.5,1.5]); xlabel('Number of samples'); ylabel('y(n)')
13 figure(3)  % 図8.2
14 [b,a]=butter(20,0.5);  % IIRフィルタ設計
15 yiir=filter(b,a,x);  % IIRフィルタリング
```

```
16 plot(n,yiir,'k-');  % IIR処理後信号
17 axis([0,160,-1.5,1.5]); xlabel('Number of samples'); ylabel('y(n)')
```

混合余弦波のアナログ信号は

$$x(t) = \cos 1600\pi t + \cos 6200\pi t \tag{8.1}$$

と表され，サンプリングしたディジタル信号は $x(t)|_{t=nT_s} = \cos 0.2\pi n + \cos 0.775\pi n$ と表されます．ハーフバンド LPF を設計し，伝達関数の係数および入力信号を filter 関数に入力すると，フィルタリングを行った出力信号を求められます．

図 8.1 に，混合余弦波と FIR フィルタで処理した出力信号を示します．所望の低周波信号が正確に分離できていることがわかります．なお，線形位相フィルタリングによる群遅延量の処理遅延が生じています．

図 8.2 に，IIR フィルタで処理した出力信号を示します．IIR フィルタでも所望の低域信号が正確に分離できています．処理遅延は，FIR フィルタに比べてきわめて小さいことがわかります．

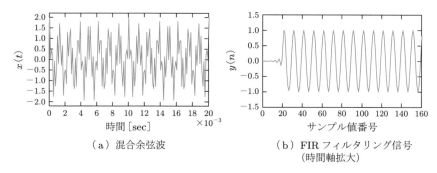

（a）混合余弦波 　　　　　　　　（b）FIR フィルタリング信号
　　　　　　　　　　　　　　　　　　　（時間軸拡大）

図 8.1　混合余弦波信号のフィルタリング

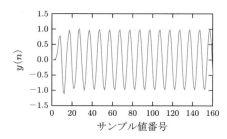

図 8.2　IIR フィルタリング信号（時間軸拡大）

● **note　ゼロ位相化**

　IIR フィルタでは正確な線形位相特性は実現できないため，出力信号が歪むことがあります．実時間で処理結果を得る必要がない場合には，位相の影響をなくすためにゼロ位相化処理を行うことがあります．ゼロ位相化とは，$x(n)$ の DFT を $X[k]$ と表したとき，$x(-n)$ の DFT が $X[-k] = X[k]^*$ と表される性質を利用します．$x(-n)$ は $x(n)$ を時間反転して（逆時間方向に）並べ替えた信号になります．

　図 8.3 のように，時間反転処理を含む IIR フィルタ $h(n)$ で 2 回処理すると，出力信号は $Y[k] = |H[k]|^2 X[k]$ と表され，位相はゼロになります．MATLAB では，ゼロ位相化のために `filtfilt` 関数が用意されています．

図 8.3　IIR フィルタのゼロ位相化処理

　次に，`fir1` 関数を用いて設計した FIR フィルタのインパルス応答および零点−極配置を，図 8.4 に示します．対称な形状のインパルス応答は，正確な線形位相となります．実数係数の線形位相 FIR フィルタの零点（●印）は次数の数だけあり，実軸に対して共役になり，かつ，単位円に対して対称な位置にある対をなします．図 (b) では，実軸となす角度が 0 [rad/sec] から π [rad/sec] まで，反時計回りで正の角周波数特性の横軸に対応します．通過帯域（0〜π/2 [rad/sec]）では，単位円周に対称に零点対が均等に並ぶので，等リップルに近い特性を形成します．また，阻止域（π/2〜π [rad/sec]）では，円周上に零点が並び，減衰量が小さい特性を形成します．周波数特性は，単位円周上の周波数点とすべての零点や極との絶対値や角度によって定まります．

　さらに，`butter` 関数を用いて設計した IIR バターワースフィルタのインパルス応答および零点−極配置を，図 8.5 に示します．インパルス応答の形状は非対称，かつ継続時間は長いことがわかります．零点は周波数軸上 π [rad/sec] 付近に共役解とし

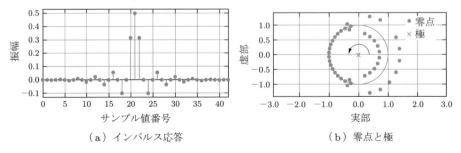

（a）インパルス応答　　　　　　（b）零点と極

図 8.4　線形位相 FIR-LPF の特性

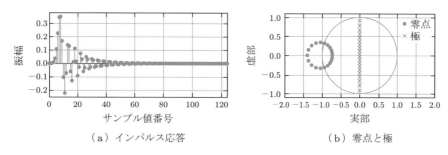

（a）インパルス応答　　　　　　　（b）零点と極

図 8.5　近似線形位相 IIR-LPF の特性

て集中しているので，高域での減衰量が大きい阻止域を形成しています．また，極は安定性条件を満たし，単位円内側の虚軸上に並び，平坦な通過域特性を形成しています．

8.2　狭帯域フィルタ

単一周波数成分をもつ正弦波信号は，スペクトルにピークがあります．電源周波数の信号が，信号線に混入した雑音はノッチフィルタで除去します．さらに，雑音環境下で正弦波信号を強調するときには，ピークフィルタを用いることになります．

8.2.1　ノッチフィルタとピークフィルタ

本項では，狭帯域の通過域や阻止域をもつフィルタを設計します．特定の周波数成分だけを阻止するノッチフィルタ（notch filter），および通過させるピークフィルタ（peak filter）を解析します．解析が容易な 2 次フィルタを用います．

実習 8.2　ノッチフィルタとピークフィルタを解析してみよう

それぞれ以下の伝達関数で表される 2 次 FIR フィルタ（$z = re^{\pm j\Omega_0}$ に二つの零点をもつ 2 次 FIR フィルタ）と，2 次 IIR フィルタ（$z = re^{\pm j\Omega_0}$ に二つの極をもつ 2 次 IIR フィルタ）の周波数特性を表示しなさい．ただし，どちらも正規化角周波数 $\Omega_0 = 0.25\pi$ [rad/sec] とします．

(1) FIR ノッチフィルタ（$r = 1$）

$$H_F(z) = (1 - re^{j\Omega_0}z^{-1})(1 - re^{-j\Omega_0}z^{-1})$$
$$= 1 - 2r\cos\Omega_0 z^{-1} + r^2 z^{-2} \tag{8.2}$$

(2) IIR ピークフィルタ（$r = 0.95$）

$$H_I(z) = \frac{1}{(1 - re^{j\Omega_0}z^{-1})(1 - re^{-j\Omega_0}z^{-1})}$$

$$= \frac{1}{1 - 2r\cos\Omega_0 z^{-1} + r^2 z^{-2}} \tag{8.3}$$

プログラム 8.2

```
1  r0=1.0; ang0=pi/4;  % FIRピークフィルタの零点
2  a0=1; b0=[1 -2*r0*cos(ang0) r0^2];  % 分母分子係数
3  fvtool(b0,a0)  % 特性表示(図8.6)
4  r1=0.95; ang1=pi/4;  % IIRノッチフィルタの極
5  a1=[1 -2*r1*cos(ang1) r1^2]; b1=1;  % 分母分子係数
6  fvtool(b1,a1)  % 特性表示(図8.7)
```

　図 8.6 に，2 次 FIR ノッチフィルタの特性を示します．単位円上に，正規化角周波数に対応する共役零点が確認できます．振幅特性は，単位円周上の周波数点と零点との絶対値により定まります．零点により，減衰量が大きく狭い阻止域を形成しています．

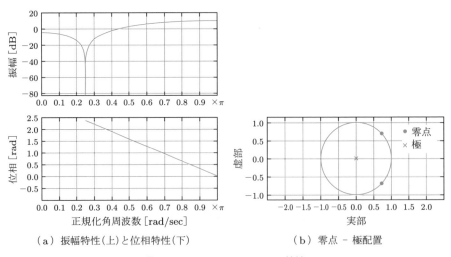

（a）振幅特性（上）と位相特性（下）　　　（b）零点 - 極配置

図 8.6　FIR ノッチフィルタの特性

　図 8.7 に，2 次 IIR ピークフィルタの特性を示します．単位円上近くに，正規化角周波数に対応する共役極が確認できます．振幅特性は単位円周上の周波数点と極との絶対値により定まり，極により周波数ピークを形成しています．r が単位円に近ければ近いほどピークは急峻になります．安定なフィルタであるため，単位円内に両極（$r < 1$）があり，インパルス応答は振動しながら減衰しています．

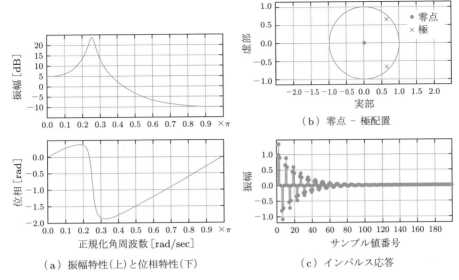

（a）振幅特性（上）と位相特性（下）　　　　（c）インパルス応答

（b）零点 – 極配置

図 8.7　IIR ピークフィルタの特性

● **note　IIR フィルタの発振**

式 (8.3) の IIR ピークフィルタの入出力関係は，

$$y(n) = x(n) - a_1 y(n-1) - a_2 y(n-2) \tag{8.4}$$

と表されるので（$a_1 = -2r\cos\Omega_0$，$a_2 = r^2$），図 8.8 のようにフィードバック構成になります．

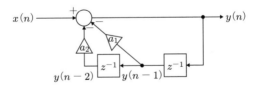

図 8.8　IIR フィルタの構成図

　$r = 1.05$ および $\Omega_0 = 0.25\pi$ [rad/sec] としたときの特性を，図 8.9(a) に示します．図 8.7(a) とほぼ同じ振幅特性をしています．しかし，共役極は単位円の外側にあるため，不安定なフィルタになります．図 8.9(b) のインパルス応答は，振幅が増大して発散します．

　図 8.10(a) に，$r = 1$ および $\Omega_0 = 0.25\pi$ [rad/sec] としたときの振幅特性を示します．きわめて急峻なピーク特性を得ています．安定限界の極配置であり，インパルス応答は図 8.10(b) のように継続的な正弦波状の信号を生成しています．図 8.8 に示した出力信号のフィードバックにより，振幅は増大しない発振器として機能します．

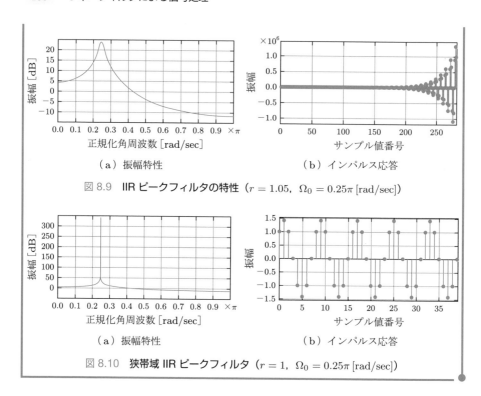

図 8.9　IIR ピークフィルタの特性（$r = 1.05$, $\Omega_0 = 0.25\pi$ [rad/sec]）

図 8.10　狭帯域 IIR ピークフィルタ（$r = 1$, $\Omega_0 = 0.25\pi$ [rad/sec]）

8.2.2　くし形フィルタ

　狭帯域の通過域特性（ピークフィルタ）と阻止域特性（ノッチフィルタ）を周期的にもつフィルタは，くし形フィルタ（comb filter）とよばれています．とくに，通過域だけの場合をくし形ピークフィルタ，阻止域だけの場合をくし形ノッチフィルタといいます．原点に近いある周波数ピークを基本周波数とすると，2 倍，3 倍，…の周波数位置に，通過域または阻止域をもつことになります．

実習 8.3　くし形フィルタを設計してみよう

　10 次の IIR フィルタくし形ピークフィルタ，およびくし形ノッチフィルタを設計し，特性を表示しなさい．

プログラム 8.3

```
1  comf=fdesign.comb('peak','N,BW',10,0.01);  % くし形ピークフィルタの設計
2  comc=design(comf,'SystemObject',true);  % IIRフィルタ係数
3  fvtool(comc)  % フィルタ特性表示
4  notchf=fdesign.comb('notch','N,BW',10,0.01);  % くし形ノッチフィルタの設計
5  notchc=design(notchf,'SystemObject',true);  % IIRフィルタ係数
6  fvtool(notchc)  % フィルタ特性表示
```

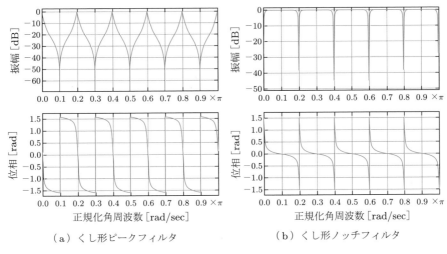

（a）くし形ピークフィルタ （b）くし形ノッチフィルタ

図 8.11 くし形フィルタの周波数特性

上段：振幅特性，下段：位相特性

分割数や帯域幅の条件を与えて `fdesign.comb` 関数と `design` 関数を用いることで，フィルタ係数が得られます．

図 8.11 に，くし形フィルタの周波数特性を示します．図 (a) はくし形ピークフィルタ，図 (b) はくし形ノッチフィルタです．くし形ピークフィルタは，正の正規化周波数軸を 5 等分間隔（0 [rad/sec]～正規化サンプリング周波数を 10 等分間隔）でピーク特性が生成され，くし形ノッチフィルタは同様に，5 等分間隔で急峻な阻止域特性が生成されています．

次に，IIR くし形フィルタの零点と極の配置について検討します．図 8.12 に，くし形ピークフィルタ，およびくし形ノッチフィルタの零点と極の配置を示します．狭帯域特性を実現するために，いずれも零点と極は単位円の近くで等間隔に並んでいます．くし形ピークフィルタは，極と零点が交互に並んで通過域と阻止域を形成してい

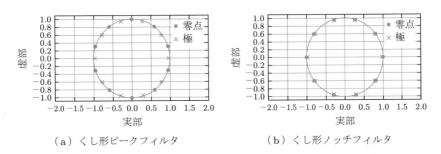

（a）くし形ピークフィルタ （b）くし形ノッチフィルタ

図 8.12 くし形フィルタの零点と極

ます．くし形ノッチフィルタは，零点と極が近接して阻止域を形成しています．

　安定な IIR フィルタとなるためには，すべての極は単位円の内側にあることが必要になるため，単位円近くの極に関係するフィルタ係数量子化については，注意を払うことが必要になります．

8.3　時間領域に着目したフィルタリング

　微分器は入力信号の微分信号を出力とするフィルタです．信号値が変化するとき，その傾きを求めることができます．一種の高域通過フィルタ（HPF）ですが，雑音の影響を受けやすいため注意が必要です．

8.3.1　微分器と HPF

実習 8.4　微分器を設計してみよう

　微分特性を近似する FIR フィルタを設計しなさい．微分器の理想周波数特性は，$H[k] = jk$ のように周波数に比例した増幅特性をもちます．また，HPF との時間領域特性の違いを考察しなさい．

プログラム 8.4

```
1  N=21;  % フィルタ次数
2  b=firpm(N,[0 1],[0 pi],'d');  % 微分器インパルス応答
3  f0=[0 0.45 0.55 1];  % HPFの阻止域端，通過域端
4  a0=[0 0 1 1];  % HPFの目標振幅特性
5  h=firpm(N-1,f0,a0);  % HPFインパルス応答
6  fvtool(b,1);  % フィルタ特性表示
```

　図 8.13 に，firpm 関数を用いて設計したフィルタ長が 22 の線形位相 FIR 微分フィルタの特性を示します．図 (a) は周波数特性（デシベル表示），図 (b) および図 (c) はインパルス応答とステップ応答です．単位インパルス応答は，$n = 0$ で単位パルス（振幅 1 の信号）が入力されたときの応答信号になります．単位ステップ応答は，$n = 10$ で信号が 0 から 1 へ階段状に変化する入力信号（ステップ入力）に対する応答信号になります．

　また，図 8.14 にはフィルタ長が 21 の線形位相 FIR ハーフバンド HPF の特性を示します．図 (a) は周波数特性（デシベル表示），図 (b) および図 (c) はインパルス応答とステップ応答です．

　いずれも高周波成分を強調しますが，高周波数が発生する信号の変化点付近の応答に違いが見られます．微分係数を近似する微分器では，より顕著に大きい振幅成分と

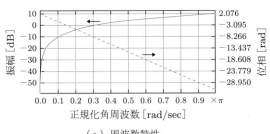

（a）周波数特性

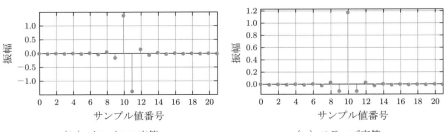

（b）インパルス応答 （c）ステップ応答

図 8.13 微分器の特性

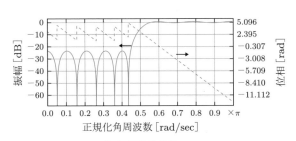

（a）周波数特性

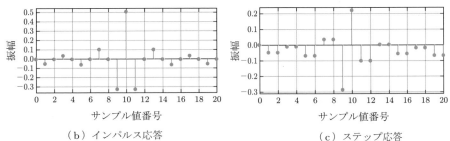

（b）インパルス応答 （c）ステップ応答

図 8.14 HPF の特性

なっていることがわかります.

● **note　微分器を用いた時間領域処理** ─────

　図 8.15 に，エッジ（不連続で急峻な変化）や平坦な領域を含むサンプル信号を，HPF と微分器で処理した例を示します．HPF は信号が急激に変化する付近で高周波数成分を抽出し，振動波形になっていることがわかります（ただし，フィルタの処理遅延 10 [sample] を含みます）．また，微分器は，信号の立ち上がりが正，立ち下がりが負となっており，変化点での傾斜の正負の勾配値を算出できていることが確認できます．

　このように，微分器は信号の変化点の検出に向いていますが，適用が困難な場合も

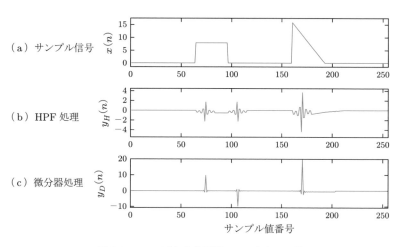

図 8.15　エッジを含む信号のフィルタリング

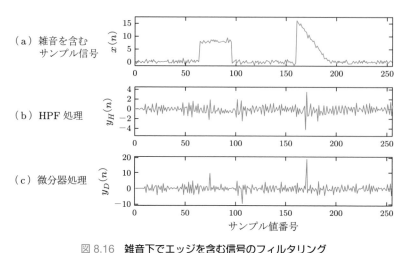

図 8.16　雑音下でエッジを含む信号のフィルタリング

あります．たとえば，原信号に白色雑音が付加された場合を検討してみましょう．図
8.16 に，雑音下でのフィルタリング結果を示します．HPF は，エッジによる高周波成
分とともに高周波雑音を抽出していることがわかります．一方微分器では，高周波成分
を強調しながら雑音による信号の変化点についても検出しています．いずれのフィル
タも，雑音環境下での高周波数成分の処理においては雑音の影響を受けやすく，適さな
いことがわかります．

8.3.2　ヒルベルト変換器

本項では，ヒルベルト変換器（90° 位相変換）の近似例と解析信号の生成法につい
て述べます．所望のヒルベルト変換の周波数特性は，

$$H_h[k] = \begin{cases} -j, & 0 < k \leq \pi \\ 0, & k = 0 \\ j, & -\pi \leq k < 0 \end{cases} \tag{8.5}$$

と表されます．上式は直流を除く全帯域が通過域で，正の周波数領域で位相が
$\pi/2\,[\mathrm{rad}]$ 遅れる特性を表します．

解析信号は，実信号 $x(n)$ とそのヒルベルト変換信号 $x_h(n)$ を用いて $x_a(n) = x(n) + jx_h(n)$ とした複素信号です．正周波数のみ信号成分をもち（負周波数成分は
ゼロ），変調や信号解析で用いられます．FIR ヒルベルト変換器を用いて実信号 $x(n)$
から解析信号 $x_a(n)$ を生成するブロック図を，図 8.17 に示します．

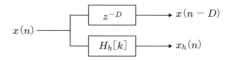

図 8.17　FIR ヒルベルト変換器を用いた解析信号の生成

実習 8.5　ヒルベルト変換器を設計してみよう

インパルス応答長が奇数および偶数の FIR ヒルベルト変換器を設計しなさい．

プログラム 8.5

```
1  h1=firpm(41,[0.05 1],[1 1],'h');     % 奇数長帯域通過FIRヒルベルト変換器
2  h2=firpm(40,[0.05 0.95],[1 1],'h');  % 偶数長高域通過FIRヒルベルト変換器
3  fvtool(h2,1);  % フィルタ特性表示
```

firpm 関数を用いて設計した線形位相 FIR ヒルベルト変換器の特性を，図 8.18
に示します．上段は奇数長，下段は偶数長のフィルタです．奇対称のインパルス応

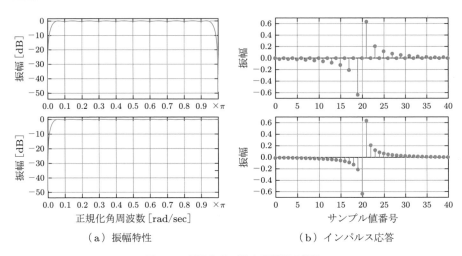

（a）振幅特性　　　　　　　　　（b）インパルス応答

図 8.18　FIR ヒルベルト変換器の特性
上段：奇数長（フィルタ長 41），下段：偶数長（フィルタ長 42）

答なので $\pi/2\,[\mathrm{rad}]$ の位相差が実現できています．偶数長フィルタの遅延量は整数値
（20 [sample]）になります．

　図 8.19 に，正弦波を解析信号に変換した信号を示します．図 (a) は，FIR ヒルベ
ルト変換器を図 8.17 のように構成した実部と虚部の信号になります．近似精度はか
なり高く，所望の余弦波に近いことがわかります．図 (b) は hilbert 関数を用いた

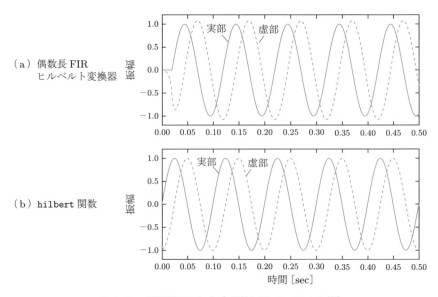

（a）偶数長 FIR
　　ヒルベルト変換器

（b）hilbert 関数

図 8.19　解析信号の生成（正弦波のヒルベルト変換）

結果ですが，FFT を用いて式 (8.5) の特性を実現しているので，遅延のない解析信号に変換します.

演習問題

8.1 2 次 FIR ノッチフィルタ（$\Omega = 0$ [rad/sec] で振幅 1）を用いて，三つの近接した振幅 1 の正弦波（200，300，400 [Hz]）が混合した観測信号から 300 [Hz] の正弦波を除去します．以下の問いに答えなさい．サンプリング周波数は 4 [kHz] とします.

   (1) 2 次 FIR ノッチフィルタの周波数特性を表示しなさい.

   (2) フィルタリング前後の信号を表示しなさい.

8.2 等リップル FIR 微分器を設計し，特性を表示しなさい．また，正弦波をフィルタリングした結果を表示しなさい.

8.3 ガウス変調波の解析信号を生成しなさい．また，解析信号の周波数特性を表示しなさい.

9章 周波数スペクトル変動の解析

● 非定常的な信号を解析してみよう

5章では，周波数などの信号の性質変化が比較的少ない，定常信号を対象にした周波数スペクトルの解析方法を学びました．

本章では，時々刻々と周波数が変動したり，突発的に振幅が変化する，非定常的な信号を対象にした解析方法について学びます．

9.1 短時間フーリエ変換とスペクトログラム

図 9.1 に，振幅と周波数が時刻により変化する正弦波信号 $x_0(t)$ とパワースペクトルを示します（解析区間：$0 \leq t \leq 3\,[\text{sec}]$）．時刻 $1\,[\text{sec}]$ および $2\,[\text{sec}]$ を境として，$0.7\sin 80\pi t$，$\sin 160\pi t$，$1.2\sin 40\pi t$ のように変化します．図 (b) のように，パワースペクトルには三つの周波数ピーク（20，40，80 [Hz]）が現れます．この信号のように短い時間区間でスペクトルが変動する信号は，非定常信号とよばれています．

図 9.1(b) と同じパワースペクトルをもつ正弦波信号 $x(t)$ を，図 9.2 に示します（黒線の波形は，後述のフレーム信号切り出しに用いる窓関数です）．$x_0(t)$ と $x(t)$ を区別するためには，周波数変動の違いを表現することが必要になります．

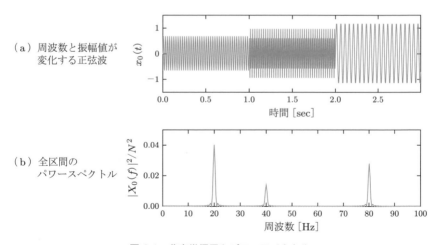

（a）周波数と振幅値が変化する正弦波

（b）全区間のパワースペクトル

図 9.1 非定常信号とパワースペクトル

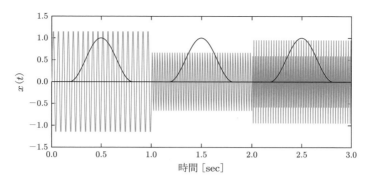

図 9.2　図 9.1 と同一のパワースペクトルをもつ非定常信号

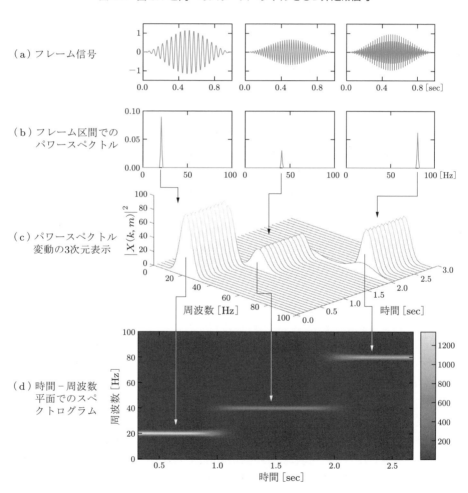

（a）フレーム信号

（b）フレーム区間での
　　　パワースペクトル

（c）パワースペクトル
　　　変動の3次元表示

（d）時間－周波数
　　　平面でのスペ
　　　クトログラム

図 9.3　非定常信号のスペクトログラム

短い時間区間では異なる正弦波なので，各区間の周波数情報を知るために，短い窓長の窓関数を移動させながら信号を切り出し，DFT を行います．

$x(t)$ に適用する移動窓関数の中心時刻を，図 9.2 のように $n = m_1 = 0.5\,[\text{sec}]$，$m_2 = 1.5\,[\text{sec}]$，$m_3 = 2.5\,[\text{sec}]$ として，ハニング窓（窓長 128）を用いて切り出します．切り出した信号はフレームといい，図 9.3(a) にこれら三つのフレーム信号を示します．図 (b) はおのおののパワースペクトルです．各時刻での正弦波の正確なパワースペクトルが確認できます．

窓関数の中心時刻 m を 1 ずつ移動させながら信号を切り出し，DFT を計算すると，多数のパワースペクトルが得られます．これを短時間フーリエ変換（short-time fourier transform：STFT）といいます．パワースペクトルの変動を 3 次元表示したものは，スペクトログラム（spectrogram）といいます．

図 (c) に，パワースペクトルの時系列図を示します．横軸は周波数ですが，奥行きの軸は窓関数の時間位置を表し，フレーム番号といいます．図より，時間経過に伴い，20，40，80 [Hz] の順にピークが現れることがわかります．

図 (d) には，色の濃淡により振幅値の大小を表した 2 次元のスペクトログラムを示します．各時間区間のスペクトルピークが水平線的に表現されていることがわかります．スペクトログラムは，時間–周波数平面図に表されるので，信号成分のパワースペクトルの時間的変化を知ることができます．スペクトログラムのように周波数スペクトルの変動を解析する信号処理は，時間–周波数解析といいます．

● **note　短時間フーリエ変換**

窓長 L の窓関数 $w(n), n = 0, 1, \cdots, L-1$ を m 移動させて切り出した信号 $w(n-m)x(n)$ の DFT は

$$X(k, m) = \sum_{n=m}^{m+L-1} w(n-m)x(n)e^{-j2\pi kn/L}, \quad k = 0, 1, \cdots L-1 \tag{9.1}$$

と表されます（実用上は，$n = m$ で窓関数の中心になるように，$w(n)$, $n = -(L-1)/2, -(L+1)/2, \cdots, 0, 1, \cdots, (L-1)/2$ とします）．この時刻 m に依存する局所区間での DFT（アナログ信号ではフーリエ変換）を，短時間フーリエ変換といいます．

$|X(k, m)|^2$ は，$n = m$ を中心とした局所的な範囲（定常とみなせる区間）を窓関数で切り出した，時刻 m，角周波数 $2\pi k/L\,[\text{rad/sec}](k = 0, 1, \cdots, L-1)$ におけるパワースペクトルを表すスペクトログラムです．

信号を網羅するためには，この窓関数の位置 m の移動量を 1 以上 L 以下に設定します．移動量が 1 のときは，移動前と移動後の切り出し信号の重なりは $L-1$ となり，L のときは，重なりはなく信号をフレーム単位に分割することになります．

実習 9.1 スペクトログラムを求めてみよう

低周波数から高周波数へ変化するアナログ正弦波信号（チャープ信号）の振幅スペクトログラムを，以下のように表示しなさい.

(1) サンプリング周波数を 1 [Hz] および正規化周波数変化を 0~0.5 [Hz] とし，解析区間 $0 \leq t \leq 127$ [sec]，窓長 $L = 32$ [sec] のハニング窓関数，移動量 $L/2 = 16$ [sec] としたときの時間 – 周波数平面図表示（デシベル表示）

(2) 時間 – 周波数平面の 3 次元表示（線形表示）

プログラム 9.1

```
1  N=128; L=32;  % 信号長(=解析区間)と窓長
2  dt=0.01; t=0:dt:N-dt;  % 時間刻みと時間軸ベクトル生成
3  xt=sin(0.25*(2*pi/(N-1))*t.*t);  % アナログ信号
4  n=0:1:N-1; fs=1;  % サンプル軸ベクトル生成,サンプリング周波数
5  x=sin(0.25*(2*pi/(N-1))*n.*n);  % ディジタル信号
6  figure(1)  % 図9.4
7  subplot(2,1,1)
8  plot(t,xt);  % アナログ信号の表示
9  axis([0,N,-1.2,1.2]); xlabel('Time [sec]'); ylabel('x(t)')
10 subplot(2,1,2)
11 [xm,frem,timm]=stft(x,fs,'Window',hann(L),'Overlaplength',floor(L/2),'FFTleng
   th',L);}  % STFT計算
12 imagesc(timm,frem,10*log10(xm.*conj(xm))); colorbar;  % スペクトログラム表示
13 xlabel('Time [sec]'); ylabel('Normalized frequency [Hz]')
14 figure(2)  % 図9.5
15 waterfall(frem,timm,(xm.*conj(xm))');  % スペクトログラムの3次元表示
16 axis([-0.5,0.5,0,127,0,55]); ylabel('Time [sec]'); xlabel('Normalized frequen
   cy [Hz]'); zlabel('|X(k,m)|^2')
```

11 行目の stft 関数で STFT を計算します．変数（窓関数の種類，長さ，移動量

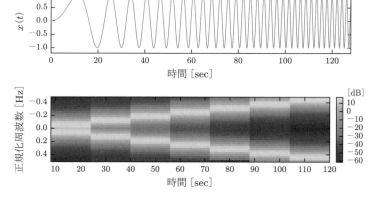

図 9.4 チャープ信号とスペクトログラム（デシベル表示）

（窓関数の重なり量），周波数点数など）を設定します．ここでは，窓関数の移動量が整数になるように，floor 関数を用いています．これを 12 行目の imagesc 関数で表示すると，図 9.4 の振幅スペクトログラムが正負の周波数領域で表示されます．また，15 行目の waterfall 関数を用いて 3 次元表示したグラフを，図 9.5 に示します．時間経過に比例して正弦波周波数が増加することが確認できます．

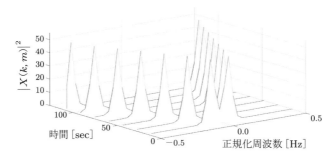

図 9.5　3 次元スペクトログラム（線形表示）

9.2　フィルタバンクとスペクトログラム解析

スペクトログラムは信号の変動を解析することが可能です．前節では，窓関数を用いたフレーム単位で解析を行っていました．本節では，少ない処理遅延のたたみ込み演算を用いたフィルタバンクによるスペクトログラムの計算方法について説明します．

9.2.1　フィルタバンク

窓関数を時間反転した信号 $h(n) = w(-n)$ を用いると，式 (9.1) の STFT は，

$$X(k,m) = (h_k(n) * x(n))e^{-j2\pi km/L}, \quad k = 0, 1, \cdots, L-1, \quad m = 0, 1, \cdots \tag{9.2}$$

と表すことができます．$*$ は，たたみ込み演算を表します．式 (9.2) の時刻 m における k 番目の周波数成分は，インパルス応答が

$$h_k(n) = h(n)e^{j2\pi kn/L}, \quad k = 0, 1, \cdots, L-1 \tag{9.3}$$

の BPF で信号 $x(n)$ を処理し，その出力信号 $y_k(m)$ を変調して得られることがわかります．式 (9.2) に基づく BPF を用いた STFT の処理単位を，図 9.6 に示します．

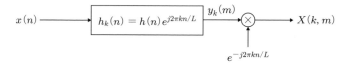

図 9.6 BPF を用いた STFT

さらに，式 (9.2) において窓の移動量を $m = pL, p = 1, 2, \cdots$ とすると

$$X(k, pL) = h_k(n) * x(n), \quad k = 0, 1, \cdots, L-1 \tag{9.4}$$

と表され，すべての k について表すと，図 9.7 のように比率 L のダウンサンプリング（$\downarrow L$）を含むブロック図になります．入力信号を L 個の狭帯域の BPF で処理し，その出力をダウンサンプリングすることで STFT が求められます．この構成はフィルタバンクとよばれています．

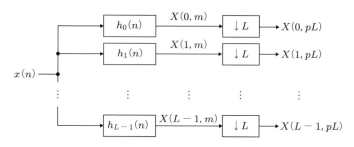

図 9.7 STFT のフィルタバンク実現

● **note** バンドパスフィルタバンク ─────

　窓関数が原点に関して対称な偶対称波形であれば，時間反転信号は窓関数と同一になります．式 (9.1) の STFT は，

$$X(k, m) = \sum_{n=m}^{m+L-1} h(m-n)e^{j2\pi k(m-n)/L} x(n) e^{-j2\pi kn/L} \tag{9.5}$$

と表すことができ，$h_k(n)$ を

$$h_k(n) = h(n)e^{j2\pi kn/L}, \quad k = 0, 1, \cdots, L-1 \tag{9.6}$$

のように $h(n)$ の複素正弦波で変調した信号として表すと，上式の DFT は，

$$H_k[l] = H[l-k], \quad k = 0, 1, \cdots, L-1 \tag{9.7}$$

と表されます．窓関数は低域通過型なので，$h_k(n)$ は LPF を周波数軸上で移動させたバンドパスフィルタ（BPF）の周波数特性をもつことになります．図 9.8 に，$L = 16$ の BPF（16 次ハニング窓）の振幅特性例を示します．

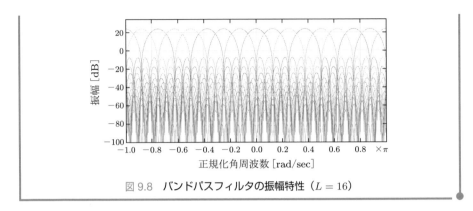

図 9.8　バンドパスフィルタの振幅特性（$L = 16$）

図 9.7 のフィルタバンクの信号処理は，窓長 L の窓関数で信号を切り出し（ブロック分割），L [sample] ずつ移動させながら DFT を行うことと同じになります．窓長が長ければ，図 9.8 の BPF の分割数は増え狭帯域特性になり，隣接フィルタ間で周波数スペクトルの重なりは少なく，周波数分解能は高くなります．

フィルタバンク（たたみ込み演算）と STFT（変換）による $|X(k, m)|$ の計算方法の違いは，図 9.9 のようになります．フィルタバンクでは，ある周波数 k_0 での周波数成分の時間変動 $|X(k_0, m)|$ をすべての k_0 に対して同時に計算します．STFT では，ある時刻 m_0（フレーム番号）でのフレーム信号の周波数成分 $|X(k, m_0)|$ を，順次 m_0 を移動させながら計算します．

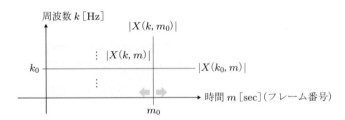

図 9.9　フィルタバンクと STFT の計算方法

note　スペクトログラムの違い

実習 9.1 の周波数が時間に比例して増加する信号のスペクトログラム（振幅スペクトル $|X(k, m)|$）を例にして，フィルタバンクと STFT の違いを図 9.10 に例示します．図 (a) はフィルタバンクの例で，各周波数成分の振幅の時間変動を表すスペクトログラムです．図 (b) は STFT の例で，窓関数で切り出したフレーム単位での DFT を表しています．窓関数の位置時刻での振幅スペクトル分布の表示になります．

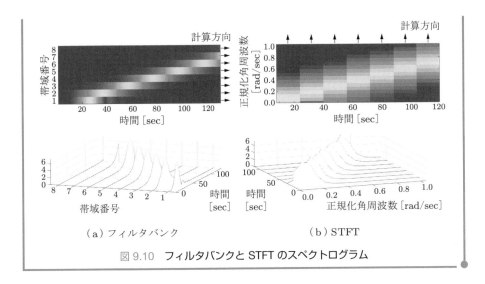

図 9.10　フィルタバンクと STFT のスペクトログラム

9.2.2　信号の再構成

　DFT と同様に，STFT は逆変換を構成することができます．本項では，逆短時間フーリエ変換（inverse STFT：ISTFT）について説明します．

　窓関数 $h(n)$ を用いた STFT の移動量が窓長と等しいときには，切り出したブロックに対して，ブロック単位で DFT および IDFT を行い，合成の窓関数 $g(n)$ を乗じたすべてのブロックを結合することで，逆変換を得ることができます．合成窓 $g(n)$ と分析窓 $h(n)$ が，

$$h(n)g(n) = 1, \quad n = 0, 1, \cdots, L - 1 \tag{9.8}$$

を満たすと原信号は復元されます．

　フィルタバンクを用いた構成法では，対称構成のフィルタバンクを用います．図 9.11 は，図 9.7 の分析フィルタバンクの逆変換を実現する合成フィルタバンクの構

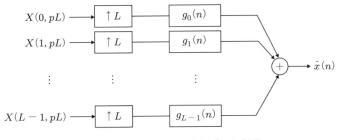

図 9.11　ISTFT のフィルタバンク実現

成図です．比率 L のアップサンプリング（↑ L）および BPF から構成されます．完全再構成条件を満たすと，出力信号は $\hat{x}(n) = x(n - \Delta)$ のように遅延を伴い，もとの解析対象の信号と一致します．

9.3　窓関数と分解能

　STFT で用いる窓関数の特性は多様であり，切り出しの範囲（窓関数の次数）にも自由度があります．本項では，特徴的な信号のスペクトログラムと窓関数の関係について，周波数スペクトルの変化や過渡的変動を含む信号例を用いて説明します．

実習 9.2　スペクトログラム分析を検証してみよう

　図 9.12 の非定常信号（テスト信号）に対して，スペクトログラムを求め，グラフ表示しなさい．ただし，テスト信号の STFT を計算するときのサンプリング周波数は 20 [kHz]，窓長 L のハニング窓関数の移動量を窓長の半分のハーフオーバーラップとし，$L = 4096$，512，128，32 としなさい．

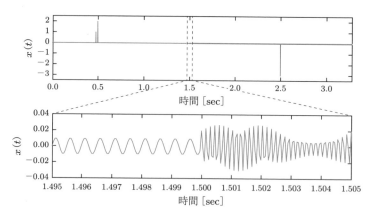

図 9.12　テスト信号

　なお，テスト信号は継続時間が約 3.3 [sec] で，$t = 1.5$ [sec] を境にして 2 [kHz] の正弦波（振幅 0.01）が 7 [kHz] の正弦波（振幅 0.01）および 6.8 [kHz] の余弦波（振幅 0.02）の混合信号へ変化します．また，時刻 $t = 0.48$ [sec] および 0.5 [sec] 付近でガウス関数形の近接したパルス 2 本（ピーク値 1 および 2），$t = 2.5$ [sec] 付近でパルス 1 本（ピーク値 −3）が発生する変化を含んでいます．

プログラム 9.2

```
1  N=2^16;  % 信号長65536
2  fs=20000;  % サンプリング周波数20[kHz]
3  tmax=(N-1)/fs;  % 時間区間端3.27675[sec]
4  t=0:1/fs:tmax;  % サンプリング時間軸ベクトル生成
5  tp1=0.48; tp2=0.5; tp3=2.5;  % 変化点時刻
6  p=2.0*exp(-1.0*10^6*(t-tp2).*(t-tp2))+1.0*exp(-1.0*10^6*(t-tp1).*(t-tp1))-3.0
   *exp(-1.0*10^6*(t-tp3).*(t-tp3));  % パルス状信号
7  ta=1.5;  % 変化点時刻
8  z1=0.01*sin(2*pi*2000*t(t<ta));
9  z2=0.01*sin(2*pi*7000*t(ta<=t))+0.02*cos(2*pi*6800*t(ta<=t));
10 z=[z1 z2];  % 正弦波状信号
11 x=p+z;  % テスト信号
12 L=2^9;  % 窓長512
13 figure(1)  % 図9.12
14 subplot(2,1,1); plot(t,x);  % テスト信号表示
15 axis([0,tmax,-3.5,2.5]); xlabel('Time [sec]'); ylabel('x(t)')
16 subplot(2,1,2); plot(t,x);  % テスト信号表示(拡大)
17 axis([1.495,1.505,-0.04,0.04]); xlabel('Time [sec]'); ylabel('x(t)')
18 figure(2)  % 図9.13
19 [X,fre,tim]=spectrogram(x,hann(L),floor(L/2),L,fs,'yaxis');  % スペクトログラム
   計算
20 subplot(2,1,1)
21 imagesc(tim,fre,10*log10((X.*conj(X)))); axis xy;  % スペクトログラム2次元表示
22 xlabel('Time [sec]'); ylabel('Frequency [Hz]')
23 subplot(2,1,2)
24 mesh(tim,fre,10*log10((X.*conj(X))));  % スペクトログラム3次元表示
25 xlabel('Time [sec]'); ylabel('Frequency [Hz]'); zlabel('|X(k,m)|^2 [dB]')
```

　スペクトログラムの計算には，spectrogram 関数を用いています．解析対象の信号を用意し，窓関数の種類および長さ，移動量（窓関数の重なり量），周波数点数，サンプリング周波数などを与えることで，STFT の正周波数領域の値が求められます．また，時間–周波数平面に画像表示する imagesc 関数と，3 次元表示する mesh 関数を用いています．

　図 9.13 に，窓長が長い場合（$L = 4096$）と，やや長い場合（$L = 512$）のスペクトログラムを示します．長い窓長（$L = 4096$）を用いると，周波数ピークの位置が鮮明な水平線として表されやすくなります．$t = 1.5$ [sec] 以降では，近接した 2 本の高周波成分も識別できており，周波数分解能がきわめて高いことがわかります．しかし，周波数が急激に変化した時刻の特定精度は低く，また，3 本のパルスによる突発的な信号値変動に対しては，低周波領域で大きく値が変動しています．

　一般に，信号の不連続点などでの急激な振幅変化は，垂直線状に現れます．窓長が長い場合には検出時刻に幅があり，また，高周波帯域では平滑化されていて変動が見

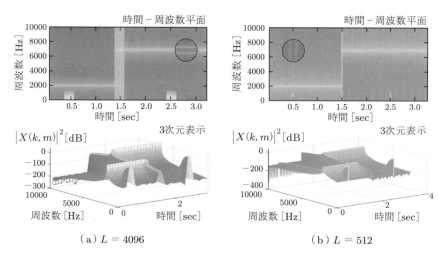

（a）$L = 4096$ 　　　　　　　　　（b）$L = 512$

図 9.13　長めの窓長のスペクトログラム（デシベル表示）

られません．$t = 0.5\,[\text{sec}]$ 付近では 2 本のパルスが存在していますが，それらも識別できていないため，時間分解能はきわめて低いことがわかります．

　窓長がやや長い場合（$L = 512$）のスペクトログラムでは，変化点での垂直成分が細線になり，時間分解能が向上しています．とくに，$t = 0.5\,[\text{sec}]$ 付近の 2 本のパルスを識別できています．しかし，$t = 2.5\,[\text{sec}]$ 付近での変化が，高周波帯域では不明瞭なことがわかります．

　次に，窓長がやや短い場合（$L = 128$），およびきわめて短い場合（$L = 32$）の

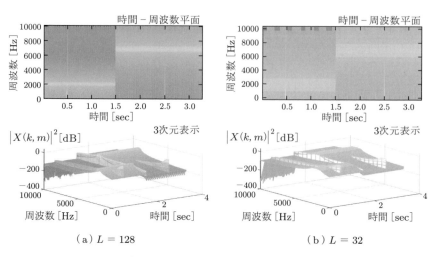

（a）$L = 128$ 　　　　　　　　　（b）$L = 32$

図 9.14　短めの窓長のスペクトログラム（デシベル表示）

スペクトログラムを図 9.14 に示します. 図 (a) のやや短い場合では, さらに時間分解能が向上しています. 変化点での垂直成分がより細線化し, $t = 2.5\,[\text{sec}]$ 付近での変化も, 広帯域にわたり明確になっています. しかし, 周波数分解能は低下し, $t = 1.5\,[\text{sec}]$ 以降の近接した 2 本の高周波成分は区別できていません.

図 (b) の窓長がきわめて短いスペクトログラムでは, パワースペクトルのピーク変動が鮮明な垂直線として表されています. 時間分解能が高いため, 3 本のパルスによる突発的な信号値および周波数の急激な変化を捉えています. 正弦波の正負の振幅変動が変化として表され, 高周波数帯域で顕著に見られます. 一方, 周波数分解能はきわめて低く, 正弦波周波数が十分に検出されていません.

スペクトログラム解析は定常スペクトル解析と異なり, 急激な信号変化が起こったりインパルス的な信号が生じたりすると, 垂直方向の成分が強く現れるため, いわゆる特異点の時刻を特定することができます. また, 周期的で調波構造をもつ信号では, スペクトログラムの水平方向に成分が強く現れます.

これらの特性は, 窓長や窓関数の種類, 移動量に影響されます. 長い窓長は周波数分解能が高く, 短い窓長は時間分解能が高くなります.

スペクトログラム分布は, 信号の特徴量抽出, 異常検出, 診断, 認識などの応用分野で用いられています.

● **note　スペクトル変動のモデリング**

5.3 節では, 線形予測を用いて定常信号のモデリングをして, スペクトルを解析しました. 非定常信号に対しても, 定常とみなせるフレーム単位で切り出し, 線形予測によりスペクトル変動を $H[k, m]$ としてモデル化し, 時間–周波数平面上に表示することができます.

ここで, 正弦波 (正規化周波数 0.2 [Hz]) と余弦波 (正規化周波数 0.3 [Hz]) および線形チャープ信号の混合信号に, 白色雑音が重畳した信号の解析例を示します. 図 9.15 はモデリングによる時間–周波数分布です. フレーム長を 64, 移動量を 32 として切り出して 16 次の AR モデルを求めています. 図 9.16 には, 窓長 64 のハニング窓を用いたスペクトログラムを示します.

モデリングによる分布では, 雑音の影響が低減化され, 線スペクトルが明瞭に表示されています. スペクトログラムでは, スペクトルピーク特性が緩やかで雑音分布も大きくなっています. モデリングによる時間–周波数分布は計算量が多いものの, 白色雑音の影響を受けにくいことがわかります.

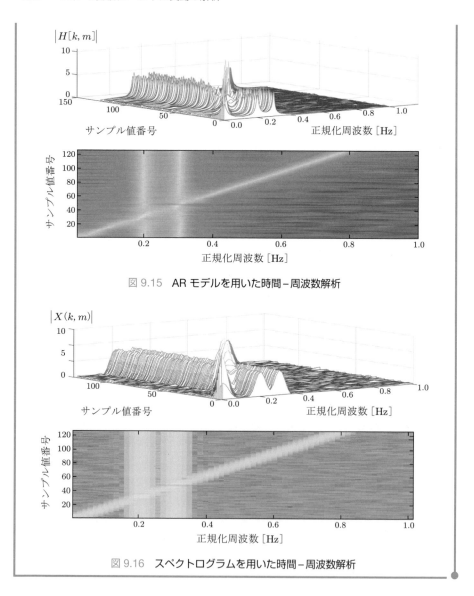

図 9.15　AR モデルを用いた時間–周波数解析

図 9.16　スペクトログラムを用いた時間–周波数解析

演習問題

9.1 正弦波信号と孤立パルス信号が重畳したアナログ信号のスペクトログラムを求め，表示しなさい．

9.2 周期 T のランダムパターンの 2 値パルス列信号のスペクトログラムで，正弦波を 1 次変調した BPSK 変調波（ビットに応じて正弦波の位相を $+0$，$+\pi$ する変調）を求めます．さらに，± 1 値の高速 2 値パルス信号で BPSK 信号を 2 次変調します．このとき，

以下の問いに答えなさい.

 (1) 2値パルス列信号とそのスペクトログラムを求め，表示しなさい.

 (2) BPSK変調信号とそのスペクトログラムを求め，表示しなさい.

 (3) 2次変調信号とそのスペクトログラムを求め，表示しなさい.

9.3 身近に観測できる信号のスペクトログラムを求め，表示しなさい．また，そのスペクトログラムの特徴について論じなさい.

10章 ウェーブレット変換を用いた信号解析

● 信号の特徴を調べてみよう

　前章で説明した STFT は，信号を時間領域から時間 – 周波数領域へ変換することで，非定常信号の変動するスペクトルを解析する代表的な方法です．

　本章では，信号を時間領域から時間 – スケール領域へ変換する，ウェーブレット変換を用いた信号解析について学びます．

10.1　ウェーブレット解析

　ウェーブレット（wavelet）とは，「小さな波」を意味し，振動波形が時間的広がりをもたない，局在する波のことを指します．フーリエ変換による解析は，一様な時間的広がりをもつ正弦波・余弦波の成分で原信号を表現するため，時間の情報が失われます．そこで前章の STFT では，窓関数で区切った解析区間を移動させながら解析することで，時間と周波数の情報を取り出しました．ウェーブレット解析は，原信号を時間的に局在するウェーブレットの成分で表現することで，時間 – スケール（周波数）解析を実現する方法です．

10.1.1　連続ウェーブレット変換

　アナログ信号 $x(t)$ に対する連続ウェーブレット変換（continuous wavelet transform：CWT）は，

$$W_{x,\psi}(a,b) = \frac{1}{\sqrt{|a|}} \int_{-\infty}^{+\infty} x(t)\psi^* \left(\frac{t-b}{a} \right) \mathrm{d}t \tag{10.1}$$

と定義されています．関数 $\psi(t)$ はマザーウェーブレット（またはウェーブレット）とよばれています．CWT は，変数 a および b の 2 変数を含む関数となります．変数 a はウェーブレットの伸縮に関するスケーリングパラメータ，変数 b は移動量を表しており，a が大きくなるとウェーブレットは広がり，小さくなると縮みます．また，b の大きさに移動量は比例します．

　アドミッシブル条件[†] を満たすウェーブレットを定めると，信号 $x(t)$ の $W_{x,\psi}(a,b)$

[†]　アドミッシブル条件とは，ウェーブレット積分が収束するためのマザーウェーブレット関数に関する条件であり，帯域通過型特性をもつ局在した形状となることです．

は積分計算で求められますが，関数 $\psi(t)$ に応じて結果は異なります．

● **note　ウェーブレット関数** ───────

　マザーウェーブレット $\psi(t)$ には種々の関数が提案されています．関数の形状は，信号の解析や近似に影響を与えます．図 10.1 に，ウェーブレット関数と MATLAB 関数名を例示します．波形の広がりの長さや対称性の有無，滑らかさや周波数特性などが異なります．

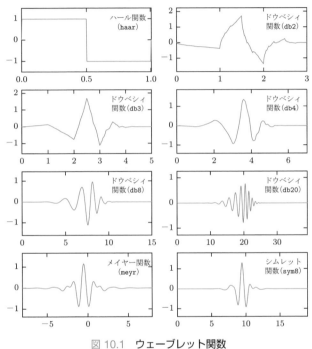

図 10.1　ウェーブレット関数
縦軸：振幅，横軸：時間 [sec]

　なお，逆連続ウェーブレット変換（inverse CWT：ICWT）は，

$$x(t) = \frac{1}{C_\psi} \int_{-\infty}^{+\infty} \int_{-\infty}^{+\infty} W_{x,\psi}(a,b) \frac{1}{\sqrt{|a|}} \psi\left(\frac{t-b}{a}\right) \frac{\mathrm{d}a\mathrm{d}b}{a^2} \tag{10.2}$$

$$C_\psi = \int_{-\infty}^{+\infty} \frac{|\psi(\omega)|^2}{|\omega|} \mathrm{d}\omega \tag{10.3}$$

と表されます．

　式 (10.1) の CWT は，時間位置 b，スケール比 a におけるマザーウェーブレットと解析対象信号との相関になります．したがって，CWT の振幅 $|W_{x,\psi}(a,b)|$ は，相関成分の大きさの分布になります．b-a 平面は時間–スケール平面とよばれ，$|W_{x,\psi}(a,b)|^2$

の分布はスカログラム（scalogram）とよばれています.

　スケール比が小さくなると，マザーウェーブレット自体は縮まるので，より急速に変化することになります. 正弦波でいえば高周波数になります. 反対にスケール比が大きくなると，正弦波でいえば低周波数に対応します. つまり，スケール比の大小と周波数の高低は反比例関係にあります. そのため，スカログラムは広い意味で時間 – 周波数平面上で信号変動の相関分布を表します.

　CWT は，周波数スペクトルの変動を表す時間 – 周波数解析の一手法になります. マザーウェーブレットを窓関数とみなすと，スケール比が大きいマザーウェーブレットは長い窓長を適用することに相当するので，周波数分解能は向上します. 逆に，スケール比が小さいと窓長は短いので時間分解能が向上します. 様々なスケール比を用いるため，信号の分解能が変わることが，連続ウェーブレット変換を用いた信号解析の特徴になります.

実習 10.1　連続ウェーブレット変換のスカログラムを表示してみよう

　図 10.2 に示す，周波数が時間に対して線形に高周波数まで連続的に変化する，実習 9.1 と同様の正弦波（線形チャープ信号）の CWT のスカログラムを求めて表示しなさい. マザーウェーブレットは以下とします.

（1）ドウベシィ関数（db8）

（2）ハール関数（haar）

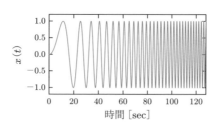

図 10.2　線形チャープ信号

プログラム 10.1

```
1  N=2^7;  % 信号長
2  dt=0.01; t=0:dt:N;  % アナログ信号の時間軸ベクトル生成
3  xt=sin(0.25*(2*pi/(N-1))*t.*t);  % アナログ信号
4  n=0:1:N-1;  % サンプル時間軸ベクトル生成
5  x=sin(0.25*(2*pi/(N-1))*n.*n);  % ディジタル信号
6  figure(1)  % 図10.2
7  plot(t,xt);  % 信号表示
8  axis([0,N,-1.2,1.2]); xlabel('Time [sec]'); ylabel('x(t)')
9  figure(2)  % 図10.3
```

```
10  cha=cwt(x,1:32,'haar','plot'); imagesc(cha.^2);  % haar関数のCWTを計算し表示
11  xlabel('Time b [sec]'); ylabel('Scale a')
12  colormap(parula)  % カラー指定
```

図 10.3 に，スケール比 $a = 1 \sim 32$ の CWT のスカログラムを示します．図 (a) は db8 関数，図 (b) は haar 関数を用いたスカログラムです．cwt 関数にスケール比，ウェーブレットを与えて近似積分解を求めています．

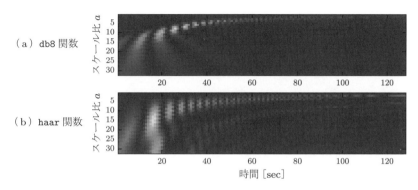

（a）db8 関数

（b）haar 関数

図 10.3　線形チャープ信号の CWT によるスカログラム

スカログラムの横軸は時間位置を表し，縦軸は上から下へ向けて連続的に増加するスケール比 a を表します．線形チャープ信号の角周波数は $\omega_c = kt$（k：比例定数）と表され，時間の経過とともに周波数軸に対し比例して増加しますが，スケール軸に対しては $a_c = 1/kt$ のように反比例的に変化します．

スカログラムは，スケール比が小さいと時間分解能が高く高周波解析に適し，スケール比が大きいと周波数分解能は高く低周波解析に適します．図 (a) の db8 関数では，低い周波数の区間 $0 \sim 64$ [sec] 付近でも時間変動を捉えていることがわかります．また，周波数の変化も見られます．さらに，64 [sec] 以降の高周波では，余弦波の振幅の時間変動は捉えにくくなっています．

一方，haar 関数を用いたスカログラムは，db8 より信号長は短く，時間分解能はきわめて高くなります．広帯域にわたり正弦波の時間変動を捉えていることがわかります．しかし，周波数分解能は低く，複数の成分が広帯域に現れています．つまり，ハールウェーブレット変換は，時間領域成分の変化を特徴的に捉えることに適するといえます．スペクトログラムが周波数変動を捉えているのに対して，スカログラムは広義の信号変動を表しています．

10.1.2　離散ウェーブレット変換

次に，離散ウェーブレット変換（discrete wavelet transform：DWT）について説明します．式 (10.1) の変数 a および b はともに実数であり，実数軸上で CWT を求めることになりますが，実用上は冗長性が高くなります．そこで，整数変数 j，k を用いて，

$$\begin{cases} a = 2^{-j} \\ b = 2^{-j}k \end{cases} \tag{10.4}$$

のように 2 のべき乗数で変数を離散化すると，式 (10.1) は

$$W_{x,\psi}(j,k) = 2^{j/2} \int_{-\infty}^{+\infty} x(t)\psi^*(2^j t - k)\mathrm{d}t \tag{10.5}$$

と表されます．上式は信号 $x(t)$ の離散ウェーブレット変換（DWT）とよばれています．DWT は，スケール比（分解能）が 2 のべき乗で変化し，また，マザーウェーブレットの移動量は離散変数 k によって定まります．$|W_{x,\psi}(j,k)|^2$ は，時間－スケール平面上の不均一な離散点におけるスカログラム値を表します．

10.2　多重解像度解析と DWT

本節では，DWT と関係が深い多重解像度解析について説明します．多重解像度解析とは，信号をスケールの異なる信号成分を用いて表す方法です．

解析対象のアナログ信号 $x(t)$ を，次式のように分解表現（級数展開表現）します．

$$x(t) = x_0(t) + \sum_{j=0}^{+\infty} g_j(t) \tag{10.6}$$

第 1 項の $x_0(t)$ は，解像度レベル j での近似成分を表し（式 (10.6) では $j=0$），第 2 項の $g_j(t)$ は解像度レベル j での詳細成分（差分成分）を表します．$x_0(t)$ はスケールの解像度レベル $j=0$ で表された原信号であり，$x(t)$ の低周波数成分を多く含み概形を表します．一方，$g_j(t)$ は，解像度レベル j で表された $x(t)$ の高周波数成分です．j が大きくなると，DWT と同じく 2 のべき乗でスケール比が小さくなり，時間分解能が上がります．

このことから，式 (10.6) における信号成分を

$$x_0(t) = \sum_{k=-\infty}^{+\infty} c_{0,k}\phi_{0,k}(t) = \sum_{k=-\infty}^{+\infty} c_{0,k}\phi(t-k) \tag{10.7}$$

$$g_j(t) = \sum_{k=-\infty}^{+\infty} d_{j,k}\psi_{j,k}(t) = 2^{j/2}\sum_{k=-\infty}^{+\infty} d_{j,k}\psi(2^j t - k) \tag{10.8}$$

と表します．式 (10.7) の $\phi_{0,k}(t) = \phi(t-k)$ をスケーリング基底[†]，式 (10.8) の $\psi_{j,k}(t) = 2^{j/2}\psi(2^j t - k)$ をウェーブレット基底とよんでいます．また，$c_{j,k}$ はスケーリング係数，$d_{j,k}$ はウェーブレット係数といいます．

基底が正規直交系であれば，ウェーブレット係数およびスケーリング係数は，

$$d_{j,k} = 2^{j/2}\int_{-\infty}^{+\infty} x(t)\psi^*(2^j t - k)\mathrm{d}t \tag{10.9}$$

$$c_{j,k} = 2^{j/2}\int_{-\infty}^{+\infty} x(t)\phi^*(2^j t - k)\mathrm{d}t \tag{10.10}$$

で求めることができます．式 (10.9) のウェーブレット係数は，解像度レベル j での式 (10.5) の DWT と同じであることがわかります．

10.3　ウェーブレットとフィルタバンク

10.3.1　フィルタバンク

各解像度レベルにおけるスケーリング係数 $c_{j,k}$ とウェーブレット係数 $d_{j,k}$ は，図 10.4 に示す完全再構成フィルタバンクを用いて関係づけられています．

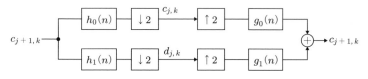

図 10.4　**完全再構成フィルタバンク**

図 10.4 において，$h_0(n)$ および $g_0(n)$ は LPF のインパルス応答，$h_1(n)$ および $g_1(n)$ は HPF のインパルス応答を表します．$h_0(n)$ と $h_1(n)$ の対を分析フィルタバンク，$g_0(n)$ と $g_1(n)$ の対を合成フィルタバンクといいます．

↓2 は，比率 2 のダウンサンプリングを表し，サンプリングされた信号長は約 1/2 になります．↑2 は比率 2 のアップサンプリングを表し，サンプリングされた信号長は約 2 倍になります．

[†]　マザーウェーブレット $\psi(t)$ と対比させて，$\phi(t)$ をファザーウェーブレットといいます．

実習 10.2　完全再構成フィルタバンクの特性を求めてみよう

　以下のウェーブレット関数を基に設計したフィルタバンクのインパルス応答を求め，周波数特性とともに表示しなさい.

(1) ドゥベシィ関数（db8）

(2) ハール関数（haar）

プログラム 10.2

```
1   [h0,h1,g0,g1] = wfilters('db8');   % db8のインパルス応答
2   n=1:1:length(h0);   % インパルス番号
3   figure(1)   % 図10.5
4   subplot(2,2,1)
5   stem(h0,'fil'); xticks(n);   % 分析側LPF
6   xlabel('Number of samples'); ylabel('h_0(n)')
7   subplot(2,2,2)
8   stem(h1,'fil'); xticks(n);   % 分析側HPF
9   xlabel('Number of samples'); ylabel('h_1(n)')
10  subplot(2,2,3)
11  stem(g0,'fil'); xticks(n);   % 合成側LPF
12  xlabel('Number of samples'); ylabel('g_0(n)')
13  subplot(2,2,4)
14  stem(g1,'fil'); xticks(n);   % 合成側HPF
15  xlabel('Number of samples'); ylabel('g_1(n)')
16  figure(2)   % 図10.6(a)(b)
17  freqz(h0,1); hold on; freqz(h1,1)   % 分析フィルタ周波数特性表示
18  figure(3)   % 図10.6(c)(d)
19  freqz(g0,1); hold on; freqz(g1,1)   % 合成フィルタ周波数特性表示
20  figure(4)   % 図10.7
21  [phi,psi,xval] = wavefun('db8',0);   % db8のスケーリング関数,ウェーブレット関数
22  subplot(1,2,1)
23  plot(xval,phi,'b');   % スケーリング関数表示
24  axis([0,max(xval),-0.6,1.2]); xlabel('Time [sec]'); ylabel('$\phi(t)$','Inter
    preter','latex')
25  subplot(1,2,2)
26  plot(xval,psi,'r');   % ウェーブレット関数表示
27  axis([0,max(xval),-1.5,1.2]); xlabel('Time [sec]'); ylabel('$\psi(t)$','Inter
    preter','latex')
```

　図 10.5 に，db8 関数を基に設計されたフィルタバンクのインパルス応答を示します. 図 10.6 には，フィルタバンクの周波数特性を示します. 遷移帯域幅は広く，周波数端点では非常に減衰量が大きい振幅特性になっています. インパルス応答長は 16 の非対称であり，非線形位相特性をもっています. 図 10.7 には db8 関数のスケーリング関数とウェーブレット関数を示します.

　次に，図 10.8 および図 10.9 に，haar 関数を基に設計されたフィルタバンクのインパルス応答および周波数特性を示します. フィルタの次数は低く，遷移帯域幅は広

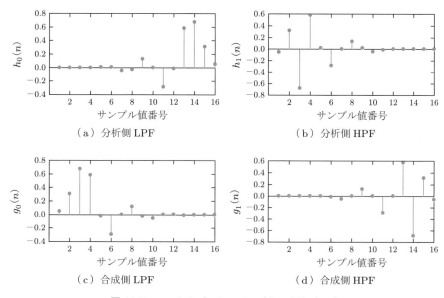

図 10.5 フィルタバンクのインパルス応答（db8）

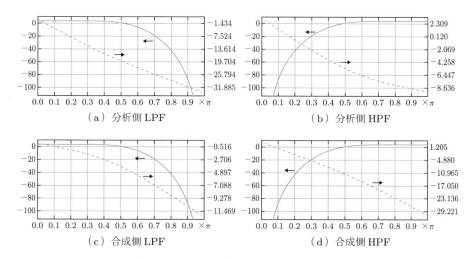

図 10.6 フィルタバンクの周波数特性（db8）

横軸：正規化角周波数 [rad/sec], 縦軸左：振幅 [dB], 縦軸右：位相 [rad]

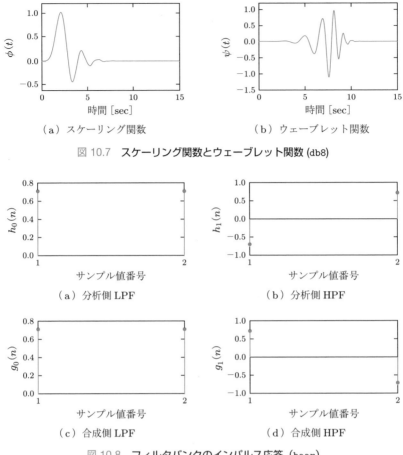

図 10.7　スケーリング関数とウェーブレット関数 (db8)

図 10.8　フィルタバンクのインパルス応答（haar）

く，減衰量は小さい振幅特性になっています．インパルス応答は対称であり，線形位相特性をもっています．図 10.10 にはスケーリング関数とウェーブレット関数を示します．いずれも階段形の形状をしています．

　MATLAB では，wfilters 関数により多重解像度解析に用いるフィルタバンクのインパルス応答が求められ，wavefun 関数によりスケーリング関数とウェーブレット関数を求めることができます．

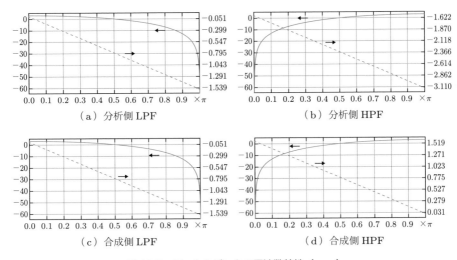

図 10.9　フィルタバンクの周波数特性（haar）
横軸：正規化角周波数 [rad/sec]，縦軸左：振幅 [dB]，縦軸右：位相 [rad]

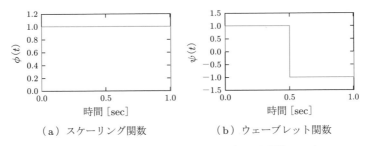

図 10.10　スケーリング関数とウェーブレット関数 (haar)

● **note　スケーリング関数** ━━━━━━━━━━━━━━━━━━━━━━━━━

　スケーリング関数（ファザーウェーブレット）$\phi(t)$ とウェーブレット関数（マザーウェーブレット）$\psi(t)$ には，様々な関数が提案されています．

　図 10.11(a)〜(e) に，次数の異なるドゥベシィ関数を示します．いずれも非対称な形状ですが，直交条件を満たし，波形の広がりは有限になります．次数が上がるにつれて波形は滑らかになることがわかります．db 関数のフィルタバンクは，FIR フィルタになります．

　図 (f) には，無限に広がりをもつメイヤー関数を示します．波形は対称性をもち，かつ直交条件を満たします．実際には，±8 [sec] くらいの範囲が有効とされています．

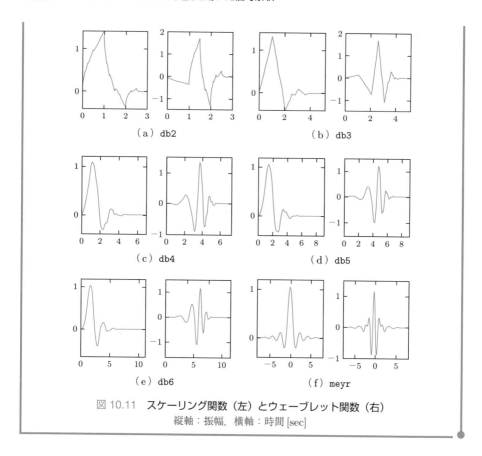

図 10.11　スケーリング関数（左）とウェーブレット関数（右）
縦軸：振幅，横軸：時間 [sec]

10.3.2　多重解像度解析

　図 10.4 の分析フィルタバンクを枝状に縦続構成すると，ディジタル信号の多重解像度解析を近似的に実現できます．

　図 10.12 に，フィルタバンクを縦続接続した，ディジタル信号 $x_0(n)$ の多重解像度解析を示します．$x_j(n), j = 1, 2, 3$ は，各スケールにおける $x_0(n)$ の近似成分を表

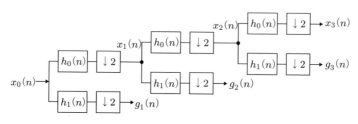

図 10.12　ディジタル信号の多重解像度解析

し，$x_3(n)$ は最も粗い解像度の近似信号になります．$g_j(n)$, $j = 1, 2, 3$ は，各スケールにおける $f_0(n)$ の詳細成分を表す信号になります．フィルタバンクを接続するごとに信号長は約半分になり，時間分解能も低下します．

図 10.12 の $g_j(n)$ を，ディジタル信号 $x_0(n)$ のウェーブレット分解（または離散ウェーブレット変換）といいます．また，$x_j(n)$ は $x(n)$ の近似成分（スケーリング成分）であり，詳細成分（ウェーブレット成分）と合わせて多重解像度分解といいます．実時間処理の DWT や多重解像度解析は，図 10.12 の構成のフィルタバンクとして実現することができます．

具体的な多重解像度解析の特性は，フィルタバンクを構成するフィルタのインパルス応答に応じて決まります．フィルタの種類の違いは，ウェーブレット関数とスケーリング関数の違いになります．

次に，多重解像度解析の逆過程である再構成について説明します．図 10.4 のフィルタバンクを用いると，図 10.13 のように表されます．近似信号は，逐次的に各解像度の詳細成分信号を付加しながら，もとの解像度の信号に復元されます．図 10.13 は，ディジタル信号の逆離散ウェーブレット変換（inverse DWT：IDWT）とよばれています．

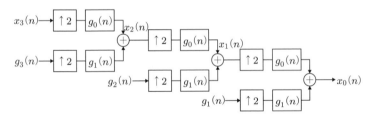

図 10.13　ディジタル信号の多重解像度再構成

実習 10.3　フィルタバンクによる多重解像度解析を行ってみよう

図 10.14 に示す三角波について，フィルタバンクにより多重解像度解析を行い，スケーリング成分およびウェーブレット成分を表示しなさい．ウェーブレット関数は db4（フィルタ長 8）とします．

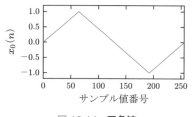

図 10.14　三角波

プログラム 10.3

```
1   N=2^8;  % 信号長
2   n=0:1:N-1;  % サンプル軸生成
3   n1=0:1:N/4-1; n2=0:1:N/2-1; n3=N/4-1:-1:0;  % 三角波
4   x1=n1/(N/4); x2=-n2/(N/4-0.5)+1; x3=-n3/(N/4); x=[x1 x2 x3];
5   wdw='db4';  % マザーウェーブレット関数
6   figure(1)  % 図10.14
7   plot(n,x);  % 三角波表示
8   axis([0,N-1,-1.2,1.2]); xlabel('Number of samples'); ylabel('Amplitude')
9   NS=3;  % 最大分割レベル数
10  [c,l]=wavedec(x,NS,wdw);  % フィルタバンクによる分解処理
11  for k=1:NS   % 各分解レベルでの出力
12      d=detcoef(c,l,k);  % ウェーブレット係数
13      a=appcoef(c,l,wdw,k);  % スケーリング係数
14      figure(k+1); m=0:1:length(d)-1;  % ウェーブレット係数表示(図10.15下図)
15      plot(m,d);  % 詳細成分表示
16      axis([0,length(d)-1,min(d),max(d)]); xlabel('Number of samples'); ylabel(
            ['g_',num2str(k),'(n)'])
17      figure(NS+1+k);  % スケーリング係数表示(図10.15上図)
18      plot(m,a);  % 近似成分表示
19      axis([0,length(a)-1,min(a),max(a)]); xlabel('Number of samples'); ylabel(
            ['x_',num2str(k),'(n)'])
20  end
```

　三角波を，サンプリングにより信号長 $N = 256$ のディジタル信号とし，枝状のフィルタバンクにより分解します．図 10.15 に，分解レベル 3 のフィルタバンクにより処理し，ダウンサンプリングを行った信号を示します．プログラム 10 行目の wavedec 関数により，近似成分と詳細成分を求めます．12 行目および 13 行目の detcoef 関数および appcoef 関数により，各分解レベルでの詳細成分と近似成分を求めます．

　図 10.15 において，各スケールの解像度レベルでの近似成分 $x_j(n)$ および詳細成分 $g_j(n)$ の信号長は，フィルタリングとダウンサンプリングにより約半分になり，処理遅延が見られます．近似成分の概形はほぼ三角波ですが，詳細成分は三角波のピークなど変化時点での値が比較的大きいことがわかります．

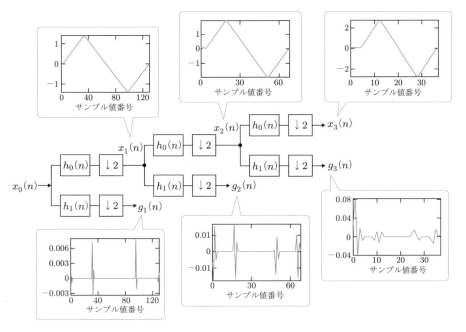

図 10.15　三角波の多重解像度解析

note　DWT を用いた時間‐周波数解析

図 10.16 に，DWT を用いた時間‐スケール解析（時間‐周波数解析）の概念図を示します．図 (a) のスカログラム平面上のます目は，マザーウェーブレットの係数値の領域を表しています．

縦軸のスケールの解像度レベル j は，式 (10.4) より $j = \log_2(1/a)$ となり，スケール比とは反比例のような関係があります．横軸は時間を表し，各分解レベルにおけるマザーウェーブレットの移動位置 k を表しています．低周波数（分解レベル，スケール比大）では解析範囲は長く，周波数分解能は高くなります．高周波数（分解レベル，スケール比小）では解析範囲は短く，時間分解能が高くなります．

一方，図 (b) のスペクトログラム平面上のます目は，各周波数における窓関数の領域を表しています．STFT では，常時一定の解析範囲となり，分解能は固定になります．

図 10.14 の三角波のスカログラム例を，図 10.17 に示します．図 (a) は DWT，図 (b) は CWT です（db4）．DWT では，低分解レベルで信号の不連続変化点の値が大きく，時間分解能が高いことがわかります．スペクトログラムでは，低周波数に水平方向に成分が生じることになります．

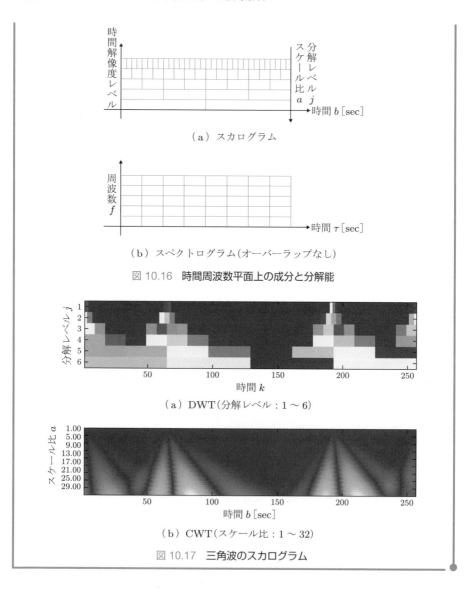

（a）スカログラム

（b）スペクトログラム（オーバーラップなし）

図 10.16　時間周波数平面上の成分と分解能

（a）DWT（分解レベル：1 ～ 6）

（b）CWT（スケール比：1 ～ 32）

図 10.17　三角波のスカログラム

演習問題

10.1 以下の各種信号のスカログラムを求めなさい．また，ウェーブレット関数を変えた特性を求め，スペクトログラムとの違いについて考察しなさい．振幅，周波数は適宜指定しなさい．

　(1) 正弦波信号

　(2) 周波数が異なる二つの正弦波が重畳した信号

(3) 正弦波にインパルス信号が加わった信号

10.2 問図 10.1 のようなパルス状波形に対して，db4（フィルタ長 8）を用いて多重解像度解析しなさい．また，haar 関数を用いて解析しなさい．

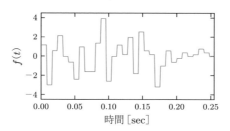

問図 10.1　パルス状波形の例

10.3 身近に観測できる信号のスカログラムを求め，表示しなさい．また，そのスカログラムの特徴について考察しなさい．

11章 時間−周波数領域の雑音除去

前章で見てきたように，一般に信号の特性は刻々と変化します．観測信号から雑音を除去するとき，7章のフィルタは，すでに設計した特性を変えることはしません．しかし，信号の特性に応じてフィルタ特性を適応させられると，効果的に雑音除去が行えることになります．

本章では，信号と雑音の変動を考慮に入れた，時間−周波数領域での雑音除去について説明します．

11.1 短時間区間での雑音除去

LPF は，時間経過に対して時不変な通過域特性をもっており，特性を時間−周波数平面で 3 次元表示すると図 11.1(a) のようになります．定常的な信号成分を抽出・除去処理することには適していますが，周波数が低周波数から高周波数に変化するチャープ信号を抽出処理するときは不向きです．この場合，図 (b) のように中心周波数が時間的に変化する BPF を用いることが必要になります．

このように時間経過とともに特性を変えてフィルタリングを行うためには，信号を短時間区間（フレーム†）に分割し，フレーム単位で行う方法が知られています．フレームごとに処理を変えることで，非定常信号の効果的なフィルタリングが行えることになります．

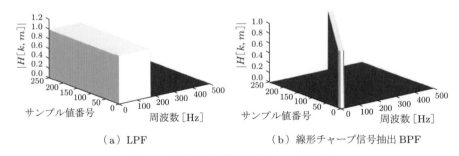

（a）LPF　　　　（b）線形チャープ信号抽出 BPF

図 11.1　時間−周波数平面上のフィルタ特性

---

† 長いフレーム長のとき，フレームのことをブロックとよぶことがあります．

11.2 時間−周波数雑音除去

周波数成分が時々刻々変化する信号として，最も身近なものは人の話し声です．こ
こでは，音声信号の処理について検討してみましょう．

実習 11.1 音声を解析してみよう

音声を取得し，スペクトログラムを表示しなさい．また，白色雑音を生成し，
音声に付加した観測音声信号の SN 比を求めなさい．

プログラム 11.1

```
1  Fs=20000;  % サンプリング周波数
2  recspch=audiorecorder(Fs,16,1);  % サンプリング周波数Fsで16(または8,24)bitのモノラ
     ル(1)またはステレオ(2)音声データを取得
3  disp('Start Speaking.');  % 録音開始表示
4  recordblocking(recspch,3.0);  % recspchオブジェクトに3秒間音声録音
5  disp('End of Recording.');  % 録音終了表示
6  s=getaudiodata(recspch,'single');  % recspchのデータを単精度配列として変数sに格納
7  N=length(s); t=(0:1:N-1)/Fs;  % 時間軸ベクトル生成
8  play(recspch);  % 取得音声のスピーカ再生(再生時間区間の指定はオプションで可能)
9  audiowrite('spch.wav',s,Fs);  % 音声の数値データsをwaveファイル(spch.wav)として保存
10 [s_rec,Fs]=audioread('spch.wav');  % waveファイル(spchy.wav)を変数s_recへ再読み込
     み
11 pause(5);  % 5秒間の間隔
12 cn = dsp.ColoredNoise('white','SamplesPerFrame',N,'NumChannels',1); ns=cn();
     % 雑音生成
13 audiowrite('nis.wav',ns,Fs);  % 雑音の数値データnsをwaveファイル(nis.wav)として保存
14 x=s_rec+ns;  % 観測音声
15 L=512;  % 窓長
16 snr1=snr(s_rec,ns);  % SNR算出
17 disp(['観測音声のSNRは',num2str(snr1),'[dB]です．'])  % SNR値のディスプレイ表示
18 figure(1)  % 図11.2,図11.3
19 subplot(2,1,1)
20 plot(t,s_rec);  % 音声波形の表示
21 axis([0,3,-0.8,0.8]); xlabel('Time [sec]'); ylabel('s(t)')
22 subplot(2,1,2)
23 [xs,fres,tims]=spectrogram(s_rec,hann(L),floor(L/2),L,Fs,'yaxis');  % スペクト
     ログラム算出
24 imagesc(tims,fres,10*log10(xs.*conj(xs)));  % 対数スペクトログラム表示
25 axis xy; xlabel('Time [sec]'); ylabel('Frequency [Hz]');
```

図 11.2 に，"あいうえお"の取得音声波形とスペクトログラム（デシベル表示）を
示します．サンプリング周波数 20 [kHz]，窓長 $L = 512$ のハニング窓を用いたハー
フオーバーラップの STFT を用いています．図 11.3 は白色雑音が重畳した観測音声
信号になります．この例では $SNR = 0.6893$ [dB] になっています．

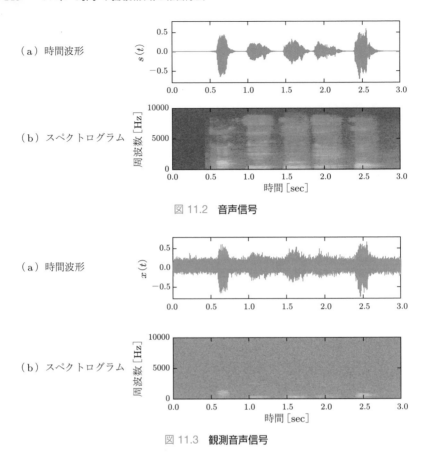

（a）時間波形

（b）スペクトログラム

図 11.2　**音声信号**

（a）時間波形

（b）スペクトログラム

図 11.3　**観測音声信号**

　2 行目の audiorecorder 関数および 4 行目の recordblocking 関数ではサンプリング周波数を指定し，PC 内蔵マイクや USB マイクにより音声を取得します．6 行目の getaudiodata 関数は，精度を指定して音声を変数に格納します．8 行目の play 関数では内蔵スピーカにより再生します．9 行目の audiowrite 関数と 10 行目の audioread 関数は，wav ファイルの保存と読み込みを行います．12 行目の dsp.ColoredNoise 関数は，種々の雑音を生成することができます．

● **note　有色雑音**

　dsp.ColoredNoise 関数を用いると，種々の有色雑音を生成できます（white を含めて，blue，pink，purple，brown の 5 種類）．有色雑音とは，図 11.4 に示す全周波数帯域で成分が一様な雑音を白色雑音とよぶことに対応させて，周波数特性をもつ雑音を色で表現したものです．ブルー雑音やパープル雑音は，図 11.5 のように周波数に比例して成分が増えるため，高周波成分が多い雑音になります．ピンク雑音は，図 11.6 から確認できるように周波数に反比例した成分をもつので，低周波成分が多く徐々に低下する雑音になります．

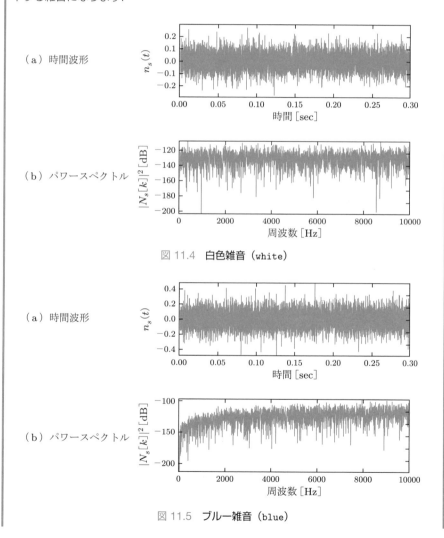

図 11.4　**白色雑音（white）**

図 11.5　**ブルー雑音（blue）**

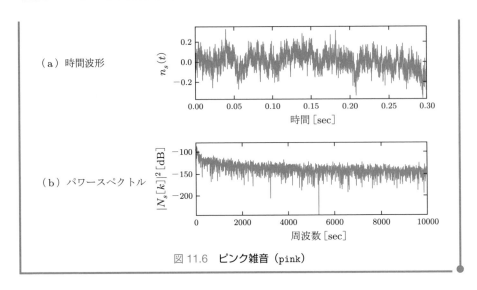

（a）時間波形

（b）パワースペクトル

図 11.6　**ピンク雑音（pink）**

11.2.1　移動平均フィルタ

　図 11.3 の観測音声信号は，白色雑音と音声が時間領域で重なり合い，スペクトログラムでも周波数全体にわたり重なりが見られます．観測音声から雑音を除去してみましょう．

　音声信号を $s(t)$，雑音を $n(t)$ とすると，観測音声信号 $x(t)$ は

$$x(t) = s(t) + n(t) \tag{11.1}$$

と表されます．

　雑音は，ある時刻を基準としたときランダムに変動しているので，周辺の平均値をとり，その値を出力とする処理を行ってみます．観測信号をディジタル変換し，たたみ込み演算に基づく移動平均処理を行います．移動平均のインパルス応答は，

$$h(n) = \frac{1}{L}, \quad n = 0, 1, \cdots, L-1 \tag{11.2}$$

と表されます．ここで，L はフィルタ長で，移動平均をとる数を表します．

　$L = 7$ として FIR フィルタ処理を行った結果を図 11.7 に示します．移動平均フィルタは，緩やかな低域通過特性なので雑音の高周波成分は除去するものの，音声の高周波成分も削ってしまいます．また，低周波帯域では雑音が残存しています．図 11.8 には，移動平均フィルタの周波数特性を示します．

　フィルタ処理前後の SN 比は，$SNR = 0.7281\,[\mathrm{dB}]$ および $SNR = 3.7238\,[\mathrm{dB}]$ で，高くはありません．特性が固定された時不変フィルタでは，スペクトルが重なり

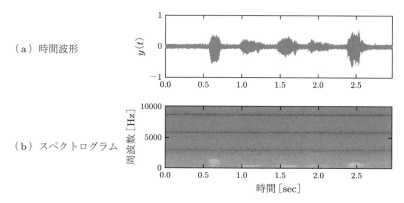

（a）時間波形

（b）スペクトログラム

図 11.7 FIR 移動平均フィルタ処理後の観測音声信号

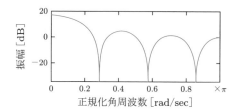

図 11.8 FIR 移動平均フィルタの振幅特性 $(L = 7)$

合う雑音をうまく除去できないことがわかります.

11.2.2 スペクトルサブトラクション

本項では，観測音声信号から効果的に雑音を除去するスペクトルサブトラクション法（スペクトル減算法）について説明します.

まず，観測信号の時間−周波数領域での各フレームの周波数スペクトルを STFT により求め，次式のように表すことにします.

$$X(k,m) = S(k,m) + N(k,m) \tag{11.3}$$

ここで，m は時間（フレームの番号），k は周波数を表す変数になります.

雑音を除去する一般フィルタを $H(k,m)$ と表すと，時間−周波数領域でのフィルタリング処理は，次式のように積で表されます.

$$Y(k,m) = H(k,m)X(k,m) \tag{11.4}$$

上式の ISTFT により，雑音除去後の音声信号 $y(n)$ が求められます.

次に，スペクトル減算のフィルタ $H_S(k,m)$ の設計について説明します. 式 (11.3)

の音声信号と雑音の関係において，同一の時刻および周波数でのスペクトルの重なり
は小さく，

$$|X(k,m)| \approx |S(k,m)| + |N(k,m)| \tag{11.5}$$

が成り立ち，また，音声の位相スペクトルは雑音の影響が少ないとします．

このとき，観測音声信号の振幅スペクトルから雑音の振幅スペクトルを減算すると，
スペクトルサブトラクションによる雑音除去後の出力信号の周波数スペクトルは，

$$\begin{aligned} Y(k,m) &= (|X(k,m)| - |N(k,m)|)e^{j\theta_x(k,m)} \\ &= \left(1 - \frac{|N(k,m)|}{|X(k,m)|}\right)X(k,m) \end{aligned} \tag{11.6}$$

と表されます．ここで，$X(k,m) = |X(k,m)|e^{j\theta_x(k,m)}$ とします．

式 (11.6) より，理想的なスペクトルサブトラクションフィルタは，雑音の振幅スペ
クトルを用いて次のように表されます．

$$H_S(k,m) = 1 - \frac{|N(k,m)|}{|X(k,m)|} \tag{11.7}$$

スペクトルサブトラクションの処理は，図 11.9 のように表すことができます．

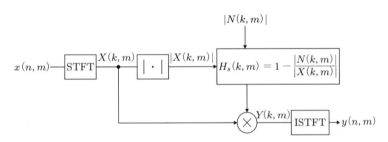

図 11.9　時間−周波数領域におけるスペクトルサブトラクション

実習 11.2　スペクトルサブトラクションを実行してみよう

白色雑音が重畳した観測音声から，スペクトルサブトラクションを用いて雑音
を除去しなさい．

プログラム 11.2

```
1  [s,Fs]=audioread('spch.wav');  % 保存音声(wavファイル)読み込み
2  [ns,~]=audioread('nis.wav');  % 保存雑音(wavファイル)読み込み
3  x=s+ns;  % 観測音声
4  L=512;  % 窓長
5  PX=stft(x,'Window',hann(L),'OverlapLength',floor(L/2),'FFTLength',L);  % 観測
   信号のSTFT
```

```
6   PN=stft(ns,'Window',hann(L),'OverlapLength',floor(L/2),'FFTLength',L);   % 雑音
    のSTFT
7   absPX=abs(PX);   % 観測信号の振幅スペクトログラム
8   absPN=abs(PN);   % 雑音の振幅スペクトログラム
9   PY=zeros(size(PX));   % スペクトルサブトラクション(SS)出力のSTFTの初期化
10  for m=1:length(PX(1,:))   % フレーム(番号)指定のループ
11      for k=1:length(PX(:,1))   % 周波数成分指定のループ
12          PY(k,m)=(1-(absPN(k,m)/absPX(k,m)))*PX(k,m);   % フレームごとのSS実行
13      end
14  end
15  y=istft(PY,'Window',hann(L),'OverlapLength',floor(L/2),'FFTLength',L);   % IST
    FTによる出力信号
16  Nl=length(y); ty=(0:1:Nl-1)/Fs;   % 出力信号の座標軸
17  [sy,frey,timy]=spectrogram(y,hann(L),floor(L/2),L,Fs,'yaxis');   % SS出力信号の
    STFT
18  figure(1)   % 図11.10
19  subplot(2,1,1)
20  plot(ty,y);   % 処理後音声表示
21  axis([0,(Nl-1)/Fs,-1,1]); xlabel('Time [sec]'); ylabel('y(t)');
22  subplot(2,1,2)
23  imagesc(timy,frey,10*log10(sy.*conj(sy)));   % 対数スペクトログラム表示
24  axis xy; xlabel('Time [sec]'); ylabel('Frequency [Hz]');
```

10〜14 行目でスペクトルサブトラクションを実行します．ここではスペクトログラムの成分ごとに繰り返し処理していますが，PY=(1-(abs(PN)./abs(PX))).*PX; と置き換えると，1 行で一括処理ができます．

図 11.10 に処理後の結果を示します．雑音は全域にわたり除去され，$SNR = 14.0986\,[\text{dB}]$ に向上しています．各フレームの雑音の振幅スペクトルを既知として使用し，高い SN 比を得ています．振幅スペクトルが未知の場合には，無音区間の情報

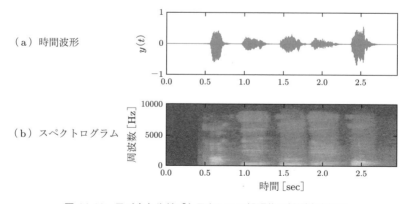

(a) 時間波形

(b) スペクトログラム

図 11.10　スペクトルサブトラクション処理後の観測音声信号

を用いて推定するなどの対策が必要になってきます.

● note　雑音除去と位相補正 ─────────────

　矩形波を用いた窓長 L の STFT を

$$X(k,m) = X_r(k,m) + jX_i(k,m)$$
$$= |X(k.m)|e^{j\angle X(k,m)}, \quad k = 0, 1, \cdots, L-1 \tag{11.8}$$

と表すと,複素平面上の振幅スペクトルと位相スペクトルは図 11.11 のようになります.

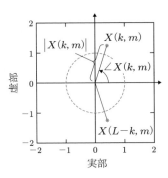

図 11.11　複素平面上の周波数スペクトル成分

　振幅スペクトルの減算処理を

$$Y_a(k,m) = (|X(k,m)| - |D(k,m)|)e^{j\angle X(k,m)} \tag{11.9}$$
$$D(k,m) = d, \quad 0 \le k \le L-1 \tag{11.10}$$

のように一定値で行うと,雑音除去信号は,$y_a(n) = \mathrm{ISTFT}\{Y_a(k,m)\}$ と表されます.
　次に,位相補正による雑音除去について考えてみます.実数信号の位相スペクトルは奇関数特性なので,一定位相の補正処理を

$$X_p(k,m) = X(k,m) + P(k,m) = |X_p(k,m)|e^{j\angle X_p(k,m)} \tag{11.11}$$

$$P(k,m) = \begin{cases} +p, & 0 \le k < \dfrac{L}{2} \\[2mm] -p, & \dfrac{L}{2} \le k \le L-1 \end{cases} \tag{11.12}$$

のように行います.式 (11.11) の位相スペクトルを用いて位相補正信号の周波数スペクトルを

$$Y_p(k,m) = |X(k,m)|e^{j\angle X_p(k,m)} \tag{11.13}$$

とすると,位相補正処理による雑音除去信号は,$y_p(n) = \mathrm{ISTFT}\{Y_p(k,m)\}$ と表され,ISTFT の実部を用いることで実現されます.

　さらに，式 (11.9) と式 (11.13) の振幅スペクトルサブトラクションと位相補正を同時に適用すると，雑音除去信号の周波数スペクトルは，

$$Y_{ap}(k,m) = |(|X(k,m)| - |D(k,m)|)|e^{j\angle X_p(k,m)} \tag{11.14}$$

と表されるので，雑音除去後の信号は，$y_{ap}(n) = \text{ISTFT}\{Y_{ap}(k,m)\}$ の実部を用いることで実現されます.

　上述した雑音除去を図 11.12 の複素平面に示します. 正弦波の周波数成分以外を除去するように，振幅減算は半径方向，位相補正は偏角方向で処理を行っています.

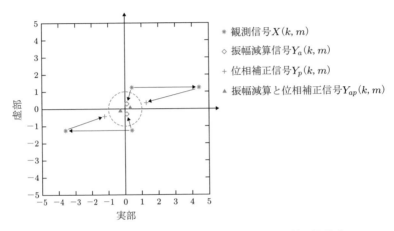

図 11.12　複素平面上の振幅スペクトルサブトラクションと位相補正処理（$d = 1, p = 4$）

　図 11.13 に示す正弦波の原信号に，白色雑音が付加された観測信号（$SNR = 12.0525\,[\text{dB}]$）に対して，雑音除去を行った例を図 11.14 に示します. 図 (a) は振幅スペクトルサブトラクション（$SNR = 16.3445\,[\text{dB}]$），図 (b) は位相補正（$SNR = 17.6275\,[\text{dB}]$），および図 (c) は両処理（$SNR = 20.5704\,[\text{dB}]$）を行ったものです. 振幅と位相を同時に処理することで SN 比は改善されています.

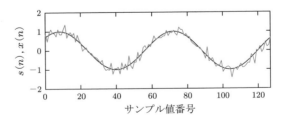

図 11.13　原信号と観測信号

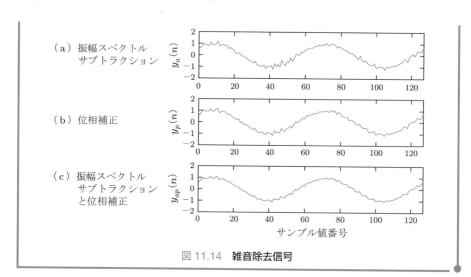

（a）振幅スペクトル
　　サブトラクション

（b）位相補正

（c）振幅スペクトル
　　サブトラクション
　　と位相補正

サンプル値番号

図 11.14　雑音除去信号

11.2.3　ウィナーフィルタ

　次に，ウィナーフィルタを用いた雑音除去法について説明します．式 (11.4) のフィルタリング処理を行うウィナーフィルタ $H_W(k,m)$ は，音声と雑音のスペクトルを用いると

$$H_W(k,m) = \frac{S(k,m)}{X(k,m)} = \frac{S(k,m)}{S(k,m)+N(k,m)} = \frac{1}{1+N(k,m)/S(k,m)}$$
(11.15)

と表されます．観測信号を入力したウィナーフィルタの出力信号は

$$Y(k,m) = H_W(k,m)X(k,m) = X(k,m) - N(k,m)$$
(11.16)

となり，理想的に雑音は除去できることになります．

　図 11.15 に，観測音声信号をウィナーフィルタで処理した結果を示します．各フレームの音声および雑音の両スペクトルを既知としているので，雑音は全域にわたり除去され，非常に高い $SNR = 311.223\,[\mathrm{dB}]$ を実現しています．

　式 (11.15) のウィナーフィルタを変形して，観測音声と雑音のスペクトルを用いると，

$$H_W(k,m) = 1 - \frac{N(k,m)}{X(k,m)}$$
(11.17)

と表されます．上式の雑音と観測音声のスペクトル比はパワースペクトル比と等しいとみなすと，次式で表される雑音除去のウィナーフィルタが得られます．

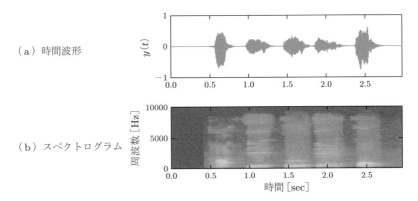

図 11.15　ウィナーフィルタ処理後の観測音声信号

$$H_P(k,m) = 1 - \frac{|N(k,m)|^2}{|X(k,m)|^2} \tag{11.18}$$

図 11.16 に，上式のフィルタで雑音除去を行った結果を示します．雑音は全域にわたり除去されていますが，$SNR = 12.3715\,[\mathrm{dB}]$ となり，スペクトルサブトラクションよりやや低い値となります．この場合は，雑音のパワースペクトルを既知として使用する必要があります．

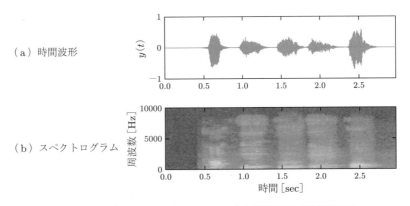

図 11.16　式 (11.18) のウィナーフィルタ処理後の観測音声信号

11.2.4　時間−周波数マスクフィルタ

　スペクトルサブトラクションやウィナーフィルタは，雑音に関するスペクトル情報を何らかの形で推定して適用することが必要になります．

　本項では，時間−周波数領域のある時刻および周波数において，所望信号と雑音の

振幅スペクトルの大小に関する情報を用いて雑音を除去する方法について示します. この方法を時間−周波数マスクフィルタとよびます. 式 (11.4) の時間−周波数マスクフィルタは,

$$H_M(k,m) = \begin{cases} P(k,m), & |S(k,m)| > |N(k,m)| \\ E(k,m), & |N(k,m)| \leq |S(k,m)| \end{cases} \tag{11.19}$$

と表されます. 上式において, 各領域の振幅特性を $P(k,m) = 1$, $E(k,m) = 0$ とすると, 1-0 値の 2 値マスクフィルタになります. 図 11.17 に, 2 値マスクフィルタで処理した結果を示します. 音声区間以外での雑音除去量は大きく, $SNR = 15.376\,[\mathrm{dB}]$ のように改善されています. しかし, この例では人工的な歪み雑音が発生します.

式 (11.19) において, 各領域の振幅特性を $P(k,m) = |S(k,m)|/|X(k,m)|$, $E(k,m) = \varepsilon = 0.001$ とすると, 信号の振幅比のマスクフィルタになります. 図

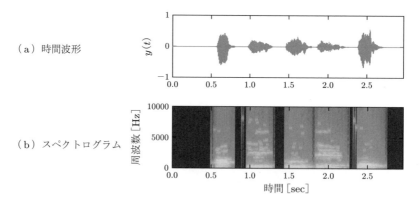

（a）時間波形

（b）スペクトログラム

図 11.17　2 値マスクフィルタ処理後の観測音声信号

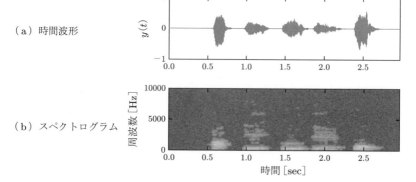

（a）時間波形

（b）スペクトログラム

図 11.18　振幅比マスクフィルタ処理後の観測音声信号

11.18 に，観測音声信号を振幅比マスクフィルタで処理した結果を示します．2 値マスクと比べて，全体的な雑音除去量は少なく，$SNR = 14.7265\,[\mathrm{dB}]$ となっています．

11.3　混合雑音の除去

　本節では，混合雑音信号の信号分離について検討します．図 11.19 に，音声にブルー雑音および線形チャープ信号（余弦波）が重畳されている観測信号を示します．ブルー雑音は周波数に比例して成分が増えるため，高周波成分が多い雑音になります．観測音声の信号レベルは $SNR = -6.5615\,[\mathrm{dB}]$ になります．

　観測信号を，音声信号が既知，$P(k,m) = 1$, $E(k,m) = \varepsilon = 0.002$ として設計した 2 値マスクフィルタで処理した結果を，図 11.20 に示します．ブルー雑音および不要なチャープ信号を効果的に除去し，$SNR = 15.934\,[\mathrm{dB}]$ になります．

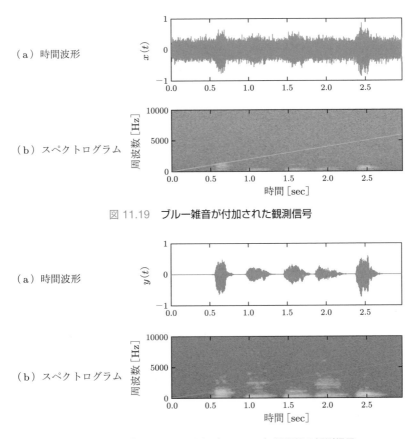

図 11.19　ブルー雑音が付加された観測信号

図 11.20　2 値マスクフィルタ（$\varepsilon = 0.002$）処理後の観測信号

　次に，音声，ピンク雑音および線形チャープ信号が重畳した観測信号から音声信号と線形チャープ信号を分離します．ピンク雑音は周波数に反比例した成分をもつので，低周波成分が多く高周波数へ徐々に低下する雑音になります．観測音声およびチャープ信号の信号レベルはそれぞれ $SNR = -2.1922\,[\mathrm{dB}]$ および $SNR = -3.2499\,[\mathrm{dB}]$ になります．

　$P(k, m) = 1$, $E(k, m) = \varepsilon = 0.002$ として設計した 2 値マスクフィルタで処理した結果を，図 11.21 に示します．図 (a) は観測信号，図 (b) および図 (c) は分離音声および分離チャープ信号のスペクトログラムです．不要なピンク雑音および雑音信号を効果的に除去し，対象信号を抽出していることがわかります．処理後の音声およびチャープ信号の信号レベルは高く，$SNR = 11.9609\,[\mathrm{dB}]$ および $SNR = 16.4664\,[\mathrm{dB}]$ になります．

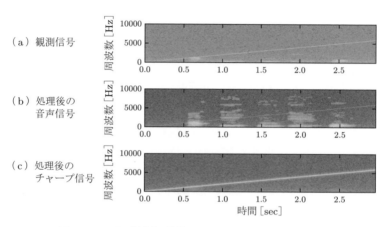

図 11.21　ピンク雑音が付加された信号のスペクトログラム

演習問題

11.1 任意の観測正弦波信号から雑音除去するとき，LPF を用いた場合と通過域にウィナーフィルタを適用した LPF を用いた場合の雑音除去波形を表示し，比較しなさい．

11.2 1-0 値の 2 値マスクフィルタを適用するとき，マスク値の振幅スペクトルから推定雑音振幅スペクトル（平均値）を減算したマスクを用いて雑音除去を行いなさい．スペクトログラムを表示するとともに，SN 比を求めなさい．

11.3 2 名の混合音声信号からマスクフィルタを用いてそれぞれの音声信号を分離し，SN 比を用いて性能を評価しなさい．

11.4 身近な信号および観測雑音を測定し，雑音除去を行いなさい．

12章 過渡的な雑音の除去

種々の信号の雑音を除去してみよう

周波数選択性フィルタや時間 – 周波数領域の雑音除去のフィルタは，周波数領域特性に着目した信号処理です．本章では，信号の時間領域の特性に着目したフィルタ処理について説明します．様々なフィルタを設計し，シミュレーションにより理解を深めていきます．

12.1 ブロック変換処理

11 章では，特性が連続的に変化する信号の雑音除去について学びました．対象とする信号は，音声など帯域が制限され振幅変動は少ない性質をもっていました．ここでは，パルスなどの帯域制限されていない信号に突発的な雑音を含む観測信号の雑音除去について説明します．これらは信号と雑音がともに過渡的な変動成分を含むため，処理が困難になります．

12.1.1 メディアンフィルタ

信号から切り出したブロック区間の時間領域の性質に着目し，雑音を除去する方法としてメディアンフィルタが知られています．メディアンフィルタは，比較的急峻なエッジをもつ信号にインパルス状の雑音が付加された観測信号から，インパルス性雑音の除去に適するフィルタになります．実用的には，たとえばアナログ–ディジタル混載回路で，クロック波形の変化点で発生するスパイク状のクロストークノイズ等の除去に有用です．

ブロック長を $L = 2M + 1$ とすると，メディアンフィルタの入力信号と出力信号との関係は次式で表されます．

$$y(n)$$
$$= \mathrm{median}\{x(n-M), x(n-M+1), \cdots, x(n), x(n+1), \cdots, x(n+M)\}$$
$$(12.1)$$

上式より，時刻 n におけるメディアンフィルタの出力 $y(n)$ は，時刻 $n \pm M$ の範囲の信号値を大きさ順に並べたとき，その中央に位置する値（メディアン値）になります．

　メディアンフィルタでは，処理ブロック内の信号に突発的な雑音が重畳し，振幅値が大きくずれたとしても中央値の変動は抑えられます．したがって，信号値上のインパルス状雑音は除去され，ほかの信号値は影響を受けない出力信号が得られます．また，原信号に平坦な箇所や急激な変化点があっても，それらはフィルタリングの影響を受けにくく，信号の劣化は少ないことになります．

実習 12.1　メディアンフィルタで突発的な雑音を除去してみよう

　図 12.1 に示すように，急峻な変化を伴う信号にガウス白色雑音およびインパルス性雑音を付加して，観測信号を生成します．この観測信号にブロック長 $L = 11$（$M = 5$）のメディアンフィルタ処理を行って，雑音を除去しなさい．

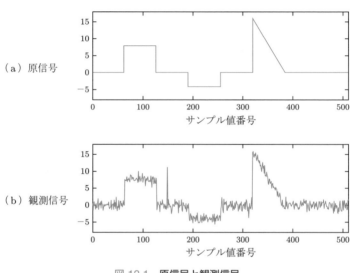

（a）原信号

（b）観測信号

図 12.1　原信号と観測信号

プログラム 12.1

```
1  N=2^9;  % 信号長
2  k=0:1:N-1;  % サンプル時間ベクトル
3  x0=zeros(1,N/8); x1=8*ones(1,N/8); x2=-0.5*x1;  % 平坦部の信号
4  K=N/8; x3=zeros(1,K);  % 初期化
5  for m=1:K
6    x3(m)=16*(K-m+1)/K;  % 三角波信号
7  end
8  xo=[x0 x1 x0 x2 x0 x3 x0 x0];  % 原信号
9  rng(10); xn=1.0*randn(1,N);  % 白色雑音
10 xp=zeros(1,N); xp(1,150)=10;  % インパルス性雑音
11 x=xo+xn+xp;  % 観測信号
12 save obsig.mat x;  % 観測信号を保存
13 xmed=medfilt1(x,11);  % メディアンフィルタ処理
```

原信号は，全体の信号長 $N = 512$ として，3 種類の平坦な信号部分（振幅 0，8，−4）と，三角波信号（最大振幅 16）部分から構成されています．それぞれの信号部分の長さは $N/8 = 64$ です．これに白色雑音とインパルス性雑音（時刻 $n = 150$ で振幅 10）を加えたものを観測信号とします．この図の例では，$SNR = 12.4783$ [dB] となっています．

以降の実習で用いるため，この観測信号は保存しておきます．MATLAB では，すべての計算結果やワークスペースの変数を，`save` 関数で MAT ファイルとして保存できます．読み込みには `load` 関数を用います．また，`whos` 関数で，MAT ファイルに保存された変数の情報を知ることができます．

図 12.2 に，`medfilt1` 関数を用いたメディアンフィルタ処理の結果を示します．白色雑音はやや残存するものの，インパルス性雑音が効果的に除去されることがわかります．

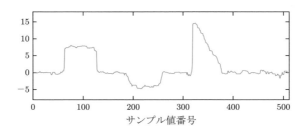

図 12.2　メディアンフィルタによる雑音除去（$M = 5, L = 11$）

12.1.2　多項式近似平滑化フィルタ

次に，多項式を用いた最小 2 乗近似により観測信号を平滑化するという原理に基づいた，FIR フィルタによる雑音除去法について説明します．

図 12.3 に，雑音が重畳した観測信号 $x(n)$（図中青丸）のブロック区間（長さ $L = 2M + 1$）を示します．多項式近似に基づく平滑化フィルタは，時刻 n における

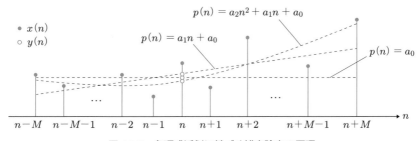

図 12.3　多項式近似に基づく雑音除去の原理

フィルタ処理出力 $y(n)$（図中白丸）を，ブロック内の観測信号を用いて平滑化近似して求めます．

信号の近似に用いる K 次多項式を

$$p(n) = \sum_{k=0}^{K} a_k n^k \tag{12.2}$$

と表します．

図では，3 種類の近似多項式波形の例を示しています．式 (12.2) において $K = 0$（$p(n) = a_0$：定数），$K = 1$（$p(n) = a_1 n + a_0$：1 次関数）および $K = 2$（$p(n) = a_2 n^2 + a_1 n + a_0$：2 次関数）としています．いずれも低い次数なので変動は少なく，雑音の影響を低減化した滑らかな形状になっています．

多項式の係数は，次式の 2 乗誤差を最小化することで求めます．

$$e_N = \sum_{n=-M}^{M} (p(n) - x(n))^2 = \sum_{n=-M}^{M} \left(\sum_{k=0}^{K} a_k n^k - x(n) \right)^2 \tag{12.3}$$

求められた多項式係数から，FIR フィルタのインパルス応答を算出します（導出は省略）．

多項式近似の平滑化フィルタは，サビツキー–ゴーレイフィルタ（Savitzky–Golay filter：SG フィルタ）とよばれています．SG フィルタのインパルス応答は対称性をもち，線形位相になります．次数 K が高い多項式を適切に用いると，雑音成分を抑えながら原信号の概形をより複雑に近似できます．

なお，$K = 0$ で平滑化する場合，FIR フィルタの入出力関係は，

$$y(n) = \frac{1}{2M+1} \{ x(n-M) + x(n-M+1) + \cdots + x(n) + x(n+1) + \cdots + x(n+M) \} \tag{12.4}$$

と表されます．上式のフィルタは，ブロック区間の平均値を順次出力するので，移動平均（moving average：MA）フィルタとよばれています．

実習 12.2 SG フィルタで突発的な雑音を除去してみよう

実習 12.1 で用いたサンプル観測信号に対して，SG フィルタを用いた雑音除去を行いなさい．

プログラム 12.2

```
1  load obsig.mat x;
2  xsg=sgolayfilt(x,3,21);   % SGフィルタ(次数3,ブロック長21)
```

`sgolayfilt` 関数を用いて，多項式次数 K およびブロック区間長 L を指定します．図 12.4 に，処理結果を示します．図 (a) は $K = 0$，ブロック区間長 $L = 11$ とした SG フィルタ（移動平均フィルタ）による結果です．図より，インパルス性雑音およびガウス白色雑音がかなり低減していることがわかります．しかし，原信号の急峻な変化が滑らかになってしまっています．

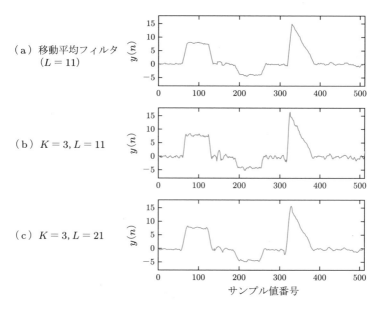

図 12.4　**SG フィルタによる雑音除去**

図 (b) には $K = 3$，$L = 11$，図 (c) には $K = 3$，$L = 21$ とした SG フィルタの処理結果を示します．多項式次数が高くなると全体的な雑音除去量は低下するものの，原信号の高周波成分を保持していることがわかります．また，ブロック長を長くとると全体的な雑音はかなり除去されます．

　SG フィルタでは，もとの信号の概形（高さと幅）を比較的良好に保持しながら，インパルス性雑音やガウス白色雑音を効果的に除去します．そのため，ECG 信号（心電図波形）の雑音除去などに適することが知られています．

12.2　ウェーブレットデノイジング

　6.2 節では，DFT/IDFT を用いた変換領域でのフィルタリングを行いました．DFT/IDFT を用いた LPF の動作は，図 12.5 に示すように入力信号 $x(n)$ の DFT

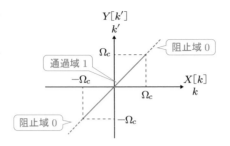

図 12.5　DFT/IDFT を用いた LPF のしきい値特性

の $X[k]$ に対して，通過域を 1（実線），阻止域を 0（破線）とする周波数にしきい値処理を施して $Y[k']$ を得た後，これに IDFT を行い出力信号 $y(n)$ とします.

本節では，DWT/IDWT を用いた時間–スケール領域におけるフィルタリングについて説明します. DWT/IDWT を用いた雑音除去を，ウェーブレットデノイジングといいます.

図 12.6 に示すように，入力信号 $x(n)$ の DWT の各分解レベル（スケール）j における信号（係数）を $d_{j,k}$ とします. これらにしきい値処理を施した後，IDWT により $y(n)$ に戻すことで雑音を除去します. DWT の信号値が定常的に小さいときにゼロとすることで，概形を保ちながら優れた雑音除去が実現できます.

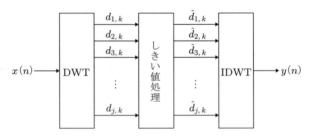

図 12.6　DWT/IDWT を用いた雑音除去

代表的なしきい値処理のハードスレッシュホールド処理後の信号は，

$$\hat{d}_{j,k} = \begin{cases} d_{j,k}, & |d_{j,k}| \ge th_j \\ 0, & |d_{j,k}| < th_j \end{cases} \tag{12.5}$$

と表されます. th_j は分解レベル j におけるしきい値であり，雑音の標準偏差 σ_j と信号長 n_j を用いて

$$th_j = \sigma_j \sqrt{2 \ln n_j} \tag{12.6}$$

とします．そのほかにも，様々なしきい値の決め方が考案されています．

また，ソフトスレッシュホールド処理では，処理後の信号は，

$$\hat{d}_{j,k} = \begin{cases} (\operatorname{sgn} d_{j,k})|d_{j,k} - th_j|, & |d_{j,k}| \geq th_j \\ 0, & |d_{j,k}| < th_j \end{cases} \tag{12.7}$$

$$\operatorname{sgn} x = \begin{cases} +1, & x \geq 0 \\ -1, & x < 0 \end{cases} \tag{12.8}$$

と表されます．

図 12.7 に，スレッシュホールド処理の $d_{j,k}$ と $\hat{d}_{j,k}$ の関係をグラフに示します．

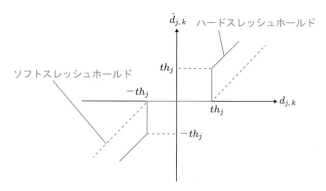

図 12.7　DWT/IDWT を用いた雑音除去の閾値特性

実習 12.3 ウィーブレットデノイジングで雑音を除去してみよう

　　実習 12.1 で用いたサンプル観測信号に対して，DWT/IDWT を用いたフィルタリング（ハードスレッシュホールド，ソフトスレッシュホールド）により雑音除去を行いなさい．

プログラム 12.3

```
1  load obsig.mat x;
2  yhard=wdenoise(x,'Wavelet','db8','DenoisingMethod','Bayes','ThresholdRule','hard');  % ウェーブレットデノイジング(ハードスレッシュホールド)
3  ysoft=wdenoise(x,'Wavelet','db8','DenoisingMethod','Bayes','ThresholdRule','soft');  % ウェーブレットデノイジング(ソフトスレッシュホールド)
```

　ウェーブレットデノイジングには，2 行目の **wdenoise** 関数を用います．ウェーブレット関数やしきい値処理の種類，しきい値の設定方法などを与えることで実行します．図 12.8 に，出力信号を示します．ウェーブレット関数は db8 を用いています．

　ハードスレッシュホールドでは，原信号の急峻な変化は保持されたまま，ガウス白

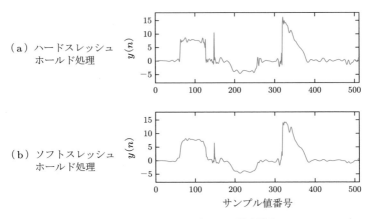

（a）ハードスレッシュ
　　ホールド処理

（b）ソフトスレッシュ
　　ホールド処理

サンプル値番号

図 12.8　DWT/IDWT を用いた雑音除去

色雑音が低減化されていることがわかります．しかし，信号の変化点付近では，振動的な雑音が残っていることが目立ちます．

　ソフトスレッシュホールド処理では，原信号の急激な変化点において角が削られ，若干滑らかな信号となっています．また，ガウス白色雑音は効果的に低減化されています．いずれの信号においても，インパルス性雑音は除去が困難であることがわかります．ウェーブレットデノイジングでは，インパルス性信号を保存したまま，ガウス雑音のみを除去しています．

　雑音比較の参考のために，LPF（正規化遮断周波数 0.25，遷移帯域幅 0.1，フィルタ長 21 の FIR フィルタ）で処理した結果を図 12.9 に示します．LPF では，全体的に雑音除去性能は低く，振動的雑音が見られます．

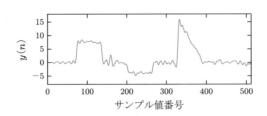

サンプル値番号

図 12.9　LPF による雑音除去（$L = 21$）

演習問題

12.1 問図 12.1 に例示した過渡的な雑音を含む観測信号に対して，移動平均フィルタを用いて雑音除去を行いなさい．ブロック区間を矩形窓で指定した場合と，ガウス窓を適用した場合の結果を比較しなさい．

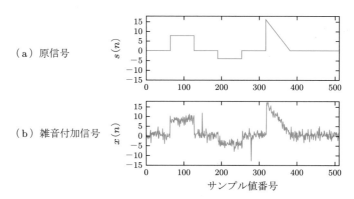

（a）原信号

（b）雑音付加信号

サンプル値番号

問図 12.1　**過渡的な雑音を含む観測信号**

12.2 メディアンフィルタのブロック長および SG フィルタのブロック長や多項式次数を変えて，問図 12.1 の観測信号の雑音除去を行い，雑音除去性能を比較しなさい．

12.3 問図 12.1 の観測信号の雑音除去を，ウェーブレットデノイジングにより行いなさい．ウェーブレットの種類を変えて，雑音除去性能について比較しなさい．

演習問題
略解

1 章

1.1 (1) 解図 1.1 (2) 解図 1.2

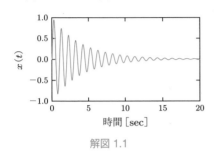

解図 1.1   解図 1.2

1.2 (1) $x(t)$ は sinc 関数を利用し，解図 1.3 のようになります． (2) 解図 1.4

解図 1.3   解図 1.4

1.3 $x_e(n) = 0.5(x(n) + x(-n))$, $x_o(n) = 0.5(x(n) - x(-n))$ で求められ，解図 1.5 のよ

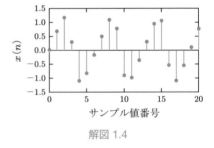

(a)

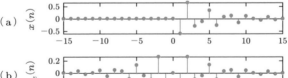

(b)

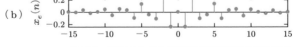

(c)

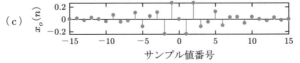

サンプル値番号

解図 1.5

うになります（$\alpha = 0.2$, $\Omega = 4\,[\mathrm{rad/sec}]$）.

2 章

2.1 $T = 4\,[\mathrm{sec}]$, $f = 0.25\,[\mathrm{Hz}]$

2.2 (1) $b_k = (2/k)(-1)^{k+1}$, $a_k = 0$　(2) 解図 2.1　(3) 解図 2.2　(4) 解図 2.3

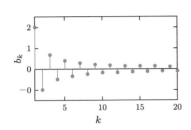

解図 2.1　フーリエ係数

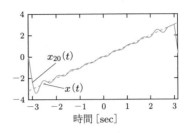

解図 2.2　20 項まで用いた近似波形

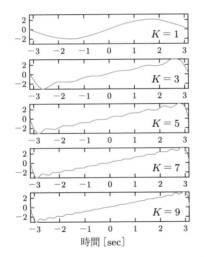

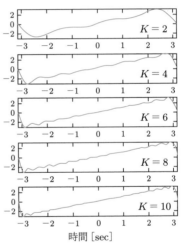

解図 2.3　1〜10 項までの近似波形

2.3 (1) $X(\omega) = (2\sin\omega/\omega)^2$　(2) 解図 2.4

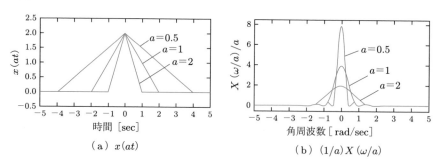

（a）$x(at)$　　　　　　　　　　（b）$(1/a)X(\omega/a)$

解図 2.4

3 章

3.1　$x(t) = \cos 60\pi t \cos 20\pi t + 2 \sin 70\pi t = 0.5 \cos 40\pi t + 0.5 \cos 80\pi t + 2 \sin 70\pi t$ なので，最大角周波数は $\omega_m = 80\pi$ [rad/sec]，最大周波数は $f_m = 40$ [Hz] です．したがって，サンプリング周波数は $f_s > 2f_m = 80$ [Hz]，サンプリング間隔は $T_s < T_m/2 = 1/80 = 0.0125$ [sec] を満たす必要があります．

3.2　（省略）

3.3　解図 3.1 のように計算します．2 乗平均は，

$$E = \frac{1}{T} \int_0^T |x(t)|^2 \mathrm{d}t$$

と表されますが，サンプリング間隔を十分小さくとった 0 次ホールド信号を用いて，

$$E \approx \frac{1}{T} \sum_{n=0}^{T/T_s} |x(nT_s)|^2 T_s$$

のように近似できます．sum 関数および sqrt 関数を使って，以下のようなプログラムで計算すると，$E = 0.5$，rms $= \sqrt{E} = 0.7071$ と求められます．

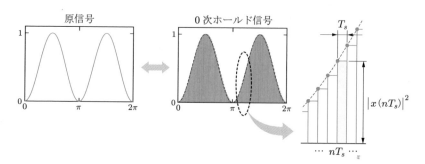

解図 3.1　**2 乗平均 E の近似計算**

```
1  Ts=0.001;T=2*pi;   % Ts=0.001として計算した例
2  t=0:Ts:T;
3  x=sin(t);
4  E=sum(x.^2)*Ts/T
5  rms=sqrt(E)
```

4 章

4.1 次式のように求められます.

$$x(n) = x(t)|_{t=nT_s} = \cos 200\pi T_s n + \sin 500 T_s n = \cos\left(\frac{200\pi}{f_s}n\right) + \sin\left(\frac{500}{f_s}n\right)$$

$$= \cos 0.05\pi n + \sin 0.125\pi n, \quad n = 0, \pm 1, \pm 2, \cdots$$

4.2 $T_s = 250\,[\mu\text{sec}] = 0.00025\,[\text{sec}]$ なので, $f_s = 1/T_s = 4\,[\text{kHz}]$ です. よって, $f_x = f_s \times 0.4\pi/2\pi = 800\,[\text{Hz}]$ になります.

4.3 (1) 解図 4.1

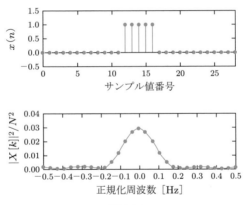

解図 4.1

(2) 解図 4.2 に示すように, 信号の切り出し範囲を広く, 信号長を長くすることで, 高分解能化できます.

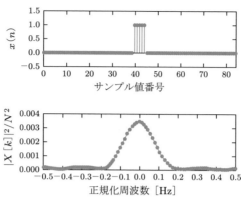

解図 4.2

4.4 (1), (2) 解図 4.3

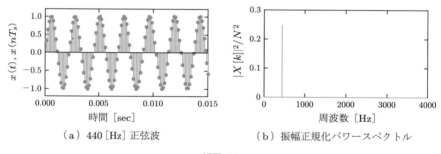

（a）440［Hz］正弦波　　　　　（b）振幅正規化パワースペクトル

解図 4.3

(3) 次のようなプログラムになります.

```
1  [pks,locs]=findpeaks(Fp);
2  Fmax=locs(1,1)*Fs/(N-1);
3  disp(['サンプリング周波数が',num2str(Fs),'[Hz],切り出し区間が',num2str(tmax),'[sec]
   のときのパワースペクトルのピーク値は',num2str(pks(1,1)),'で,ピークの周波数値は',num2
   str(Fmax),'[Hz]です.']);
```

　　サンプリング周波数が 8000［Hz］, 切り出し区間が 3［sec］のときのパワースペクトルの
ピーク値は 0.24751 で, ピークの周波数値は 440.3333［Hz］です.

5 章

5.1 たとえば, 次式の混合アナログ信号にハミング窓を適用して **findpeaks** 関数で並べ替
え, ピーク周波数を求めると, 解図 5.1 のようになります. サンプリング周波数が 8000［Hz］
のときのパワースペクトルの第 1 ピークの周波数値は 600.3333［Hz］です. 第 2 ピーク周波

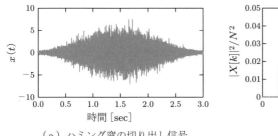
（ａ）ハミング窓の切り出し信号

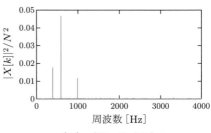
（ｂ）パワースペクトル

解図 5.1

数は 400.3333 [Hz] で，第 3 ピーク周波数は 1000.3333 [Hz] です．

$$x(t) = 0.5 \sin 800\pi t + 0.8 \sin 1200\pi t + 0.4 \sin 2000\pi t + w(t)$$

プログラムは以下のようになります．

```
[pks,locs]=findpeaks(Xp,'SortStr','descend');
F1=locs(1,1)*fs/(N-1); F2=locs(1,3)*fs/(N-1); F3=locs(1,5)*fs/(N-1);
disp(['サンプリング周波数が',num2str(fs),'[Hz]のときのパワースペクトルの第1ピークの周波
数値は',num2str(F1),'[Hz]です．']);
disp(['第2ピーク周波数は',num2str(F2),'[Hz]で，第3ピーク周波数は',num2str(F3),'[Hz]
です．']);
```

5.2 たとえば，観測信号を $x(n) = 0.5 \cos 0.4\pi n + \cos 0.44\pi n + w(n)$ として lpc 関数の次
数を $N = 3, 10, 17, 24, 31$ と変化させると，解図 5.2 のようになります．

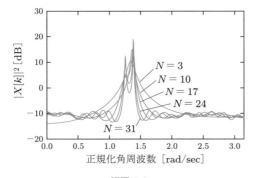

解図 5.2

5.3 （省略）

6章

6.1 (1) 解図 6.1 のようになります. ピーク周波数は $f_p = f_s(k-1)/(N-1) = 16000 \cdot 6/79 = 1215.20\,[\text{Hz}]$ $(k = 7)$ となります.

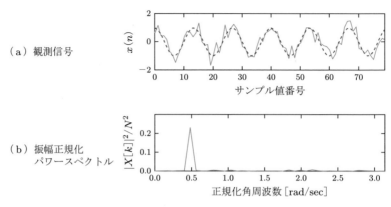

解図 6.1

(2) 解図 6.2

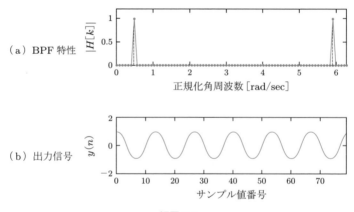

解図 6.2

(3) たとえば $N = 81, \Omega_c = \pi/64, \Omega_p = \pi/4, n_0 = 40$ として, 解図 6.3 のようになります.

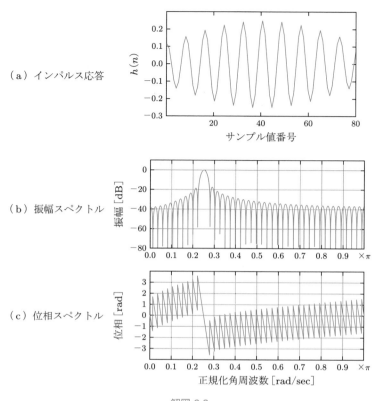

（a）インパルス応答

（b）振幅スペクトル

（c）位相スペクトル

正規化角周波数 [rad/sec]

解図 6.3

(4) 解図 6.4

6.2 解図 6.5 のようになります．`xcorr(x,xr)` は，$x(n)$ を基準としてゼロ値区間を含めて $x_r(n)$ が左から移動しながら積をとるため，$n = 240$ で一致し，相関関数の最大ピークをとり高相関になります．`xcorr(xr,x)` は，$x_r(n)$ を基準としてゼロ値区間を含めて $x(n)$ が左から移動しながら積をとるため，$n = 400$ で一致し，相関関数は最大ピークとなります．$x(n)$ のピーク周期に合わせて小さなピークが見られます．

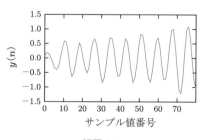

解図 6.4

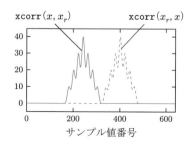

解図 6.5　$x(n)$ と $x_r(n)$ の相互相関関数

6.3 (1) $SNR = 10\log_{10}(P_s/\alpha P_w)$ より, $\alpha = (P_s/P_w)10^{-0.05 \times SNR}$ となります.

(2) 解図 6.6

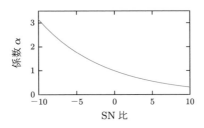

解図 6.6　SN 比と係数 α の関係

(3) 関数名を `snr_signalout` として作成したプログラム例を示します.

```
1  function [observed_signal,signal_out,noise_out,a]=snr_signalout(sn,signal_in,
   noise_in)  % 所望のSNR値, 入力信号, 雑音を入力すると観測信号, 出力信号, 雑音出力, 係数値
   を出力する関数
2      s=signal_in;  % 入力信号
3      n=noise_in;  % 入力雑音
4      d=min(length(s),length(n));  % 信号長の指定
5      ss=s(1:d); ww=n(1:d);  % 等信号長へ調整
6      Es=mean(ss.^2);Ew=mean(ww.^2);  % 平均電力
7      w=ww*sqrt(Es)/sqrt(Ew);  % 信号電力と等しい雑音電力信号
8      snr_ratio=sn;  % 所望のSN比
9      a=10^(-0.05*snr_ratio);  % 雑音振幅の係数
10     observed_signal=ss+a*w;  % 観測信号
11     signal_out=ss;  % 出力信号
12     noise_out=a*w;  % 出力雑音
13 end
```

(4) 以下のようなプログラムになります. 表示例 (SN 比 = 4) を, 解図 6.7 に示します.

```
1  [spch,~]=audioread('spch_signal.wav');  % 信号の読み込み
2  [noise,fs]=audioread('white_noise.wav');  % 雑音の読み込み
3  SNR=4;  % 所望のSN比
4  [x,s_out,n_out,alpha]=snr_signalout(SNR,spch,noise);  % 観測信号生成の関数
5  snr_out=snr(s_out,n_out)  % 実際のSN比の計算
6  figure(1)
7  subplot(3,1,1)
8  plot(s_out)  % 信号の表示
9  axis([0,6.9*10^4,-1.0,1.0]);
10 xlabel('Number of samples'); ylabel('s(n)')
11 subplot(3,1,2)
12 plot(n_out)  % 雑音の表示
13 axis([0,6.9*10^4,-0.5,0.5]);
```

```
14  xlabel('Number of samples'); ylabel('w(n)')
15  subplot(3,1,3)
16  plot(x)    % 観測信号の表示
17  axis([0,6.9*10^4,-1.0,1.0]);
18  xlabel('Number of samples'); ylabel('x(n)')
```

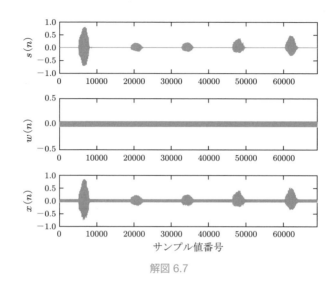

解図 6.7

7 章

7.1　解図 7.1〜7.3 のようになります．四つの極は単位円の外側にあり，不安定なフィルタになります．インパルス応答は増大することがわかります．

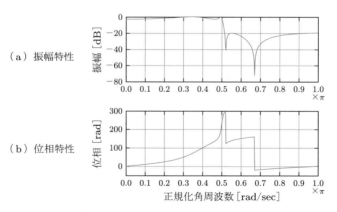

（a）振幅特性

（b）位相特性

正規化角周波数 [rad/sec]

解図 7.1　**周波数特性**

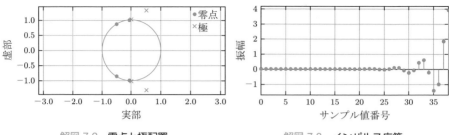

解図 7.2　**零点と極配置**　　　　　　　解図 7.3　**インパルス応答**

7.2　(1) 解図 7.4 のようになります．インパルス応答の中心から外側へ，$(N-1)$ 間隔でゼ
ロ値をとることが特徴になります．

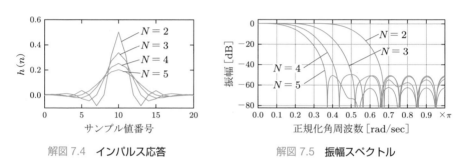

解図 7.4　**インパルス応答**　　　　　　解図 7.5　**振幅スペクトル**

(2) 解図 7.5 のようになります．インパルス応答の広がり幅と通過域の帯域幅は，反比例の
関係が見られます．

7.3　サンプリング周波数が 4 [kHz] なので，遮断周波数は 1 [kHz] になり，最大周波数で正
規化した遮断周波数は 0.5 になります（解図 7.6）．通過域リップルを 3 [dB]，阻止域減衰量
を 50 [dB] および次数を 8 とした楕円フィルタの例を示します（解図 7.7, 7.8）．両フィル
タの特性は対称になっています．

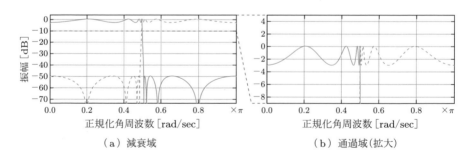

（a）減衰域　　　　　　　　　　　　（b）通過域（拡大）

解図 7.6　**振幅スペクトル**

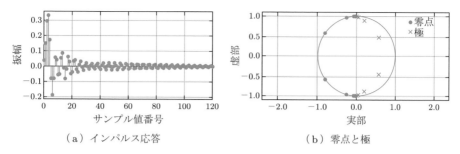

（a）インパルス応答　　　　　（b）零点と極

解図 7.7　IIR-LPF

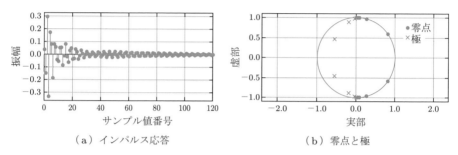

（a）インパルス応答　　　　　（b）零点と極

解図 7.8　IIR-HPF

7.4　解図 7.9

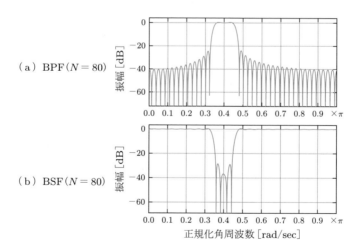

（a）BPF（N = 80）

（b）BSF（N = 80）

正規化角周波数 [rad/sec]

解図 7.9　振幅特性

8章

8.1　(1) 解図 8.1　(2) 解図 8.2

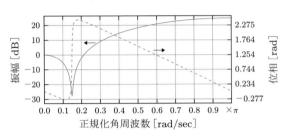

（a）周波数特性

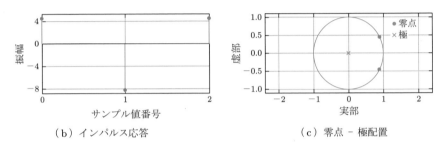

（b）インパルス応答　　　　　　　　　（c）零点 – 極配置

解図 8.1　**2 次 FIR ノッチフィルタの特性**（$r = 0.99$，$\Omega_0 = 0.15\pi$ [rad/sec]）

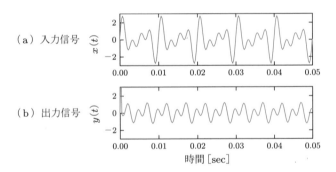

（a）入力信号　$x(t)$

（b）出力信号　$y(t)$

解図 8.2　**フィルタリング前後の信号**

8.2　フィルタ長 61 の FIR 微分器の周波数特性（解図 8.3）と零点–極配置（解図 8.4），および正弦波のフィルタリング結果（解図 8.5）を示します．出力信号は遅延 30.5 [sample] の余弦波となります．

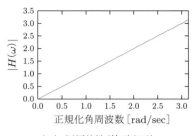
（a）振幅特性（線形表示）

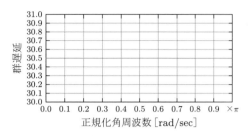
（b）群遅延特性

解図 8.3　**周波数特性**

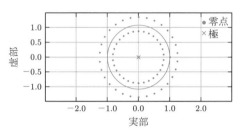

解図 8.4　**零点と極の配置**

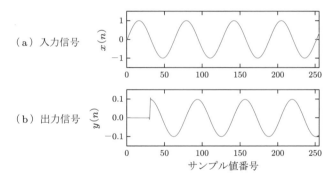

（a）入力信号

（b）出力信号

解図 8.5　**フィルタリング結果**

8.3　`hilbert` 関数により解析信号を生成すると，解図 8.6 のようになります．実部がガウス変調波，虚部がヒルベルト変換波です．周波数特性は解図 8.7 のようになります．

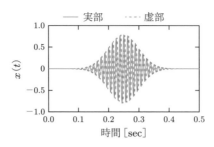

解図 8.6 **生成した解析信号**

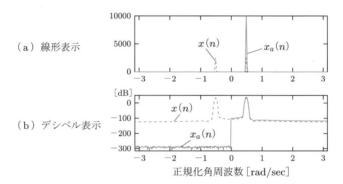

解図 8.7 **ガウス変調波 $x(n)$ と解析信号 $x_a(n)$ のパワースペクトル**

9 章

9.1 解図 9.1

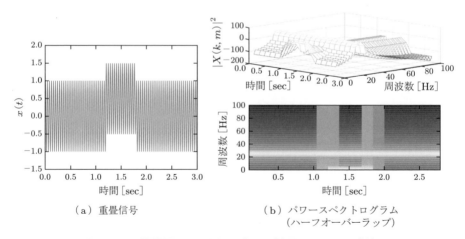

(a) 重畳信号   (b) パワースペクトログラム
                       (ハーフオーバーラップ)

解図 9.1 **重畳信号とスペクトログラム（窓長 64，ハニング窓）**

9.2　(1) 解図 9.2(a), 9.3(a)　(2) 解図 9.2(b), 9.3(b)　(3) 解図 9.2(c), 9.3(c)

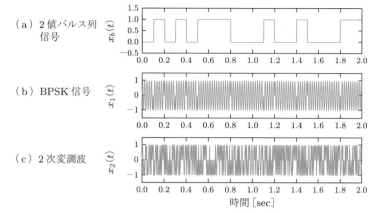

（a）2 値パルス列
　　信号

（b）BPSK 信号

（c）2 次変調波

時間 [sec]

解図 9.2　**信号波**

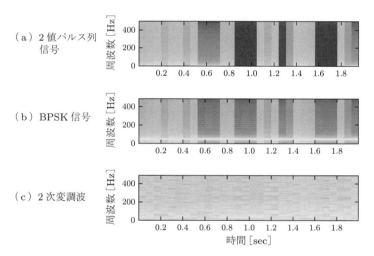

（a）2 値パルス列
　　信号

（b）BPSK 信号

（c）2 次変調波

時間 [sec]

解図 9.3　**振幅スペクトログラム**

9.3　（省略）

10 章

10.1　(1) 解図 10.1　(2) 解図 10.2　(3) 解図 10.3

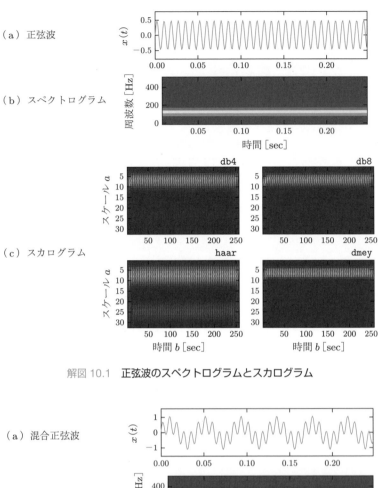

（a）正弦波

（b）スペクトログラム

（c）スカログラム

解図 10.1　正弦波のスペクトログラムとスカログラム

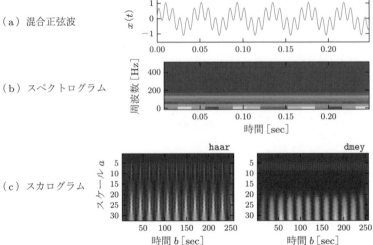

（a）混合正弦波

（b）スペクトログラム

（c）スカログラム

解図 10.2　混合正弦波のスペクトログラムとスカログラム

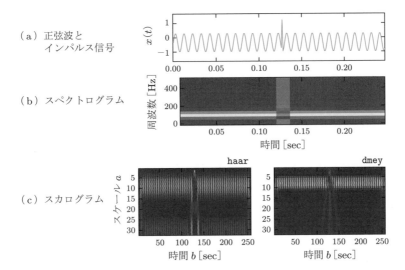

（a）正弦波と
インパルス信号

（b）スペクトログラム

（c）スカログラム

解図 10.3 正弦波とインパルス信号のスペクトログラムとスカログラム

10.2 解図 10.4〜10.7

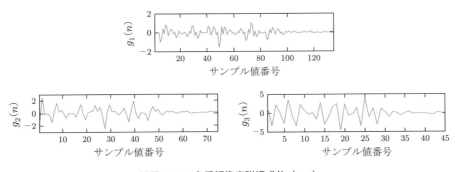

解図 10.4 多重解像度詳細成分（db8）

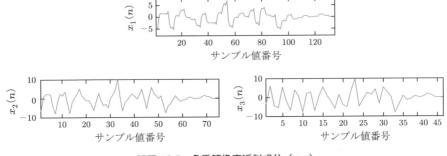

解図 10.5 多重解像度近似成分（db8）

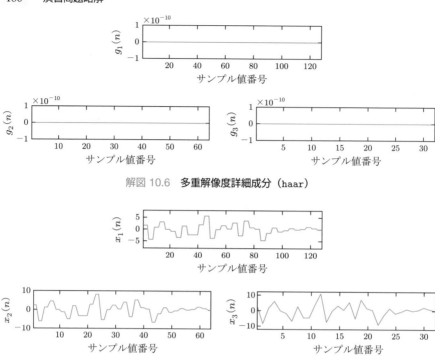

解図 10.6　**多重解像度詳細成分（haar）**

解図 10.7　**多重解像度近似成分（haar）**

10.3　（省略）

11 章

11.1　解図 11.1 のように，いずれも高周波雑音は除去されていますが，LP ウィナーフィル

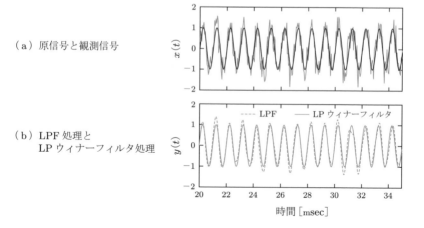

（a）原信号と観測信号

（b）LPF 処理と
　　LP ウィナーフィルタ処理

解図 11.1　**雑音除去波形の比較**

タ処理のほうは正弦波のひずみが少ないことがわかります.

11.2 解図 11.2 のようになります. SN 比は,雑音除去前が $SNR = 0.72814\,[\mathrm{dB}]$,雑音除去後が $SNR = 13.2801\,[\mathrm{dB}]$ で,$|N(k, m)| = 0.8590$ です.

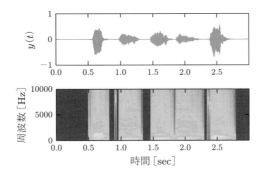

解図 11.2　推定雑音振幅を用いた 2 値マスクフィルタによる雑音除去

11.3 解図 11.3

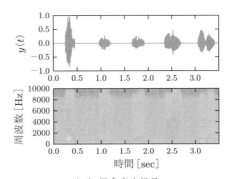

（a）混合音声信号

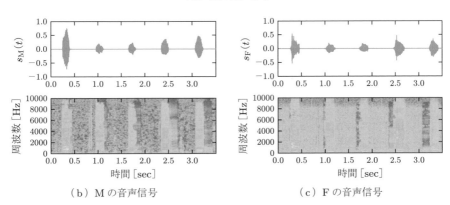

（b）M の音声信号　　　　　　　　　　（c）F の音声信号

解図 11.3　混合音声のマスクフィルタ処理

11.4 （省略）

12 章

12.1 解図 12.1
12.2 解図 12.2, 12.3

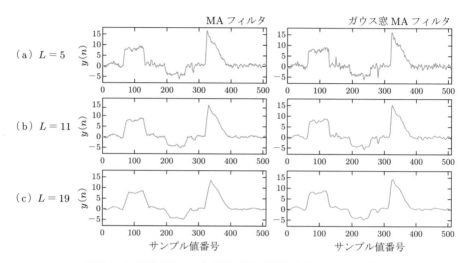

解図 12.1 **移動平均フィルタ処理後の観測信号（L：フィルタ長）**

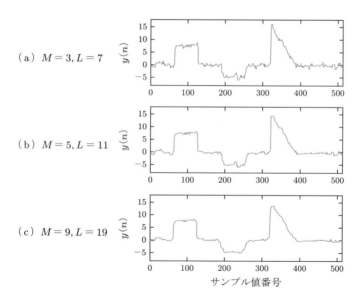

解図 12.2 **メディアンフィルタ（L：ブロック長）**

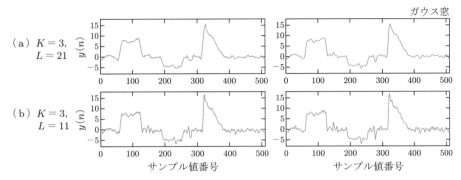

（a）$K = 3$, $L = 21$

（b）$K = 3$, $L = 11$

ガウス窓

サンプル値番号

解図 12.3　SG フィルタ（K：次数，L：ブロック長）

12.3　解図 12.4

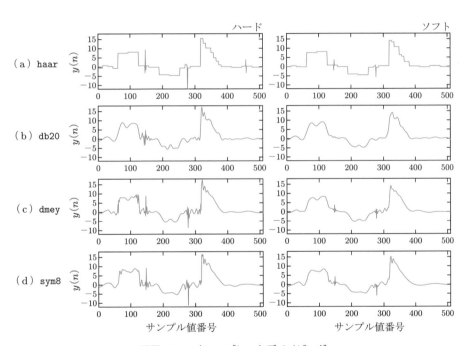

ハード　　　　　　　　ソフト

（a）haar

（b）db20

（c）dmey

（d）sym8

サンプル値番号

解図 12.4　ウェーブレットデノイジング

索　引

著 者 略 歴

和田　成夫（わだ・しげお）
　1984 年　慶應義塾大学工学部電気工学科卒業
　1992 年　慶應義塾大学大学院理工学研究科博士課程修了
　　　　　博士（工学）
　2003 年　東京電機大学工学部電子システム工学科教授
　　　　　現在に至る

編集担当　富井　晃（森北出版）
編集責任　上村紗帆・宮地亮介（森北出版）
組　　版　中央印刷
印　　刷　同
製　　本　ブックアート

MATLAB による信号処理実習　　　　　　　　　Ⓒ 和田成夫　*2022*

2022 年 4 月 5 日　第 1 版第 1 刷発行　　　【本書の無断転載を禁ず】

著　　者　和田成夫
発 行 者　森北博巳
発 行 所　森北出版株式会社
　　　　　東京都千代田区富士見 1-4-11（〒102-0071）
　　　　　電話 03-3265-8341／FAX 03-3264-8709
　　　　　https://www.morikita.co.jp/
　　　　　日本書籍出版協会・自然科学書協会　会員
　　　　　JCOPY ＜（一社）出版者著作権管理機構　委託出版物＞

Printed in Japan／ISBN 978-4-627-73691-7